装饰工程识图与算量

张国栋　主编

内 容 提 要

本书根据住房和城乡建设部最新颁布的《建设工程工程量清单计价规范》(GB 50500) 和《市政工程工程量计算规范》(GB 50857) 编写而成，以分布工程中的每一典型分项工程为示例规范条纹的选用，图中数据的认读，按规范条纹规定的计量单位、工程量计算规则等进行工程量的计算与相应表格的填写等内容，潜移默化地教会读者识图，并学会怎么样计算工程量。

全书共分七章，包括：装饰工程识图基本知识；门窗工程；楼地面装饰工程；墙、柱面装饰与隔断、幕墙工程；天棚工程；油漆、涂料、裱糊工程；其他工程。

本书可以作为从事装饰工程、土木工程、工程造价和工程管理等相关造价工作的初学者使用，也可供装饰工程技术人员及相关经济管理人员参考，同时也可作为大专院校工程、工业与应用建筑及装饰类相关专业的教学参考书。

图书在版编目 (CIP) 数据

装饰工程识图与算量/张国栋主编．—北京：中国电力出版社，2018.7
ISBN 978-7-5123-9955-6

Ⅰ.①装…　Ⅱ.①张…　Ⅲ.①建筑装饰—建筑制图—识图②建筑装饰—工程造价
Ⅳ.①TU238②TU723.3

中国版本图书馆 CIP 数据核字 (2016) 第 258927 号

出版发行：中国电力出版社
地　　址：北京市东城区北京站西街 19 号（邮政编码 100005）
网　　址：http://www.cepp.sgcc.com.cn
责任编辑：杨淑玲
责任校对：马　宁
装帧设计：王英磊
责任印制：杨晓东

印　　刷：三河市百盛印装有限公司
版　　次：2018 年 7 月第 1 版
印　　次：2018 年 7 月北京第 1 次印刷
开　　本：710 毫米×980 毫米　16 开本
印　　张：10
字　　数：185 千字
定　　价：48.00 元

前　　言

随着《建设工程工程量清单计价规范》（GB 50500）和《房屋建筑与装饰工程工程量计算规范》（GB 50854）的实施，造价工作者在计算装饰工程工程量时，需要对规范的应用进行详细的学习和了解。本书为帮助造价工作者提高实际操作水平，并使从事造价行业的初学者快速入门而组织编写了此书。

本书以《建设工程工程量清单计价规范》（GB 50500）和《房屋建筑与装饰工程工程量计算规范》（GB 50854）为依据，将常用的以及重点的、疑难的分项工程采用示例形式罗列出来，针对具体的项目采用有针对性的示例进行讲解，全面、细致地按适合初学者学习的步骤进行。

本书主要是先让读者了解读懂图纸的基本知识，然后按照装饰工程工程量计算规范分项进行分类，以示例教会读者识图与计算工程量。示例按规范条文中的划分项目进行选用，根据规范中的工程量计算规则和计量单位结合图纸进行工程量计算，计算过程清晰明了，在相应的计算式下面均跟有对应的数据分析和解释，以便读者快速理解。根据规范中的项目编码、项目名称、项目特征描述和上述工程量计算结果进行清单工程量计算表的填写，局部上做到正确无误，整体上做到前后一致，给读者提供切实有用的学习和参考。

本书可供从事装饰工程、土木工程、工程造价和工程管理等相关造价工作的初学者使用，也可供装饰工程技术人员及相关经济管理人员参考，同时也可作为大专院校装饰工程、工业与应用建筑及装饰类相关专业的教学参考书。

本书由张国栋主编，参编人员有赵小云、洪岩、郭芳芳、陈艳平、李锦、荆玲敏、王文芳、郭小段、王春花、刘丽娜、马波、刘瀚、高朋朋、韩圆圆、张燕风、刘海永、史昆仑、李永芳、朱婷婷、李云云等。在编写过程中，得到了许多同行的支持与帮助，在此表示感谢。由于编者水平有限和时间紧迫，书中难免有错误和不妥之处，望广大读者批评指正。如有疑问，可以登录 www. gczjy. com（工程造价（员）师考试培训网）、www. ysypx. com（预算员培训网）、www. debzw. com（建筑企业定额编制网）、www. gclqd. com（中国建设工程工程量清单计价·数字图书电子书·视频网校）或发邮件至 zz6219@163. com、dlwhgs@tom. com 与编者联系。

编者

2018 年 6 月

目　录

第一章　装饰工程识图基础知识

一、装饰工程识图基本规定

建筑装饰装修工程作为现代工程建设的有机组成部分，在建设工程中起着装饰、美观的作用。现在建设工程中的装饰装修多指的是室内的装修，比如楼底面、墙柱面、天棚之类的室内饰面的装修。

随着人们对建筑艺术要求的不断提高，装饰新材料、新技术、新工艺和新设备的不断涌现，建筑装饰工程的造价还将继续提高。因此，必须做好建筑装饰工程的预算和造价工作，而做好这些工作的前提就是要学会识图和正确计算工程量。

认知装饰识图需要从简单的点、线、面投影图、剖面图、断面图开始，将这些简单的图形搞清楚，然后过渡到平面图、构造详图等。逐步进深，从而达到图纸全部都能看懂并且能将各个图纸之间串联起来。最终达到识图的最高境界，将串联起来的图纸在脑海中形成系统而完整的三维立体效果图。

《房产建筑制图统一标准》中规定：房屋建筑装饰的视图，应按正投影法并用第一角画法绘制。采用正投影法进行投影所得的图样，称为正投影图，它相当于人们站在离投影面无限远处，正对投影面观看物体的结果，如图 1－1 所示。在三维视角下，按立面直角坐标系中的六个方位向各投影面作正投影时，得到的六个正投影图（图 1－2），被称之为基本视图，在画法几何中依次以主视图、俯

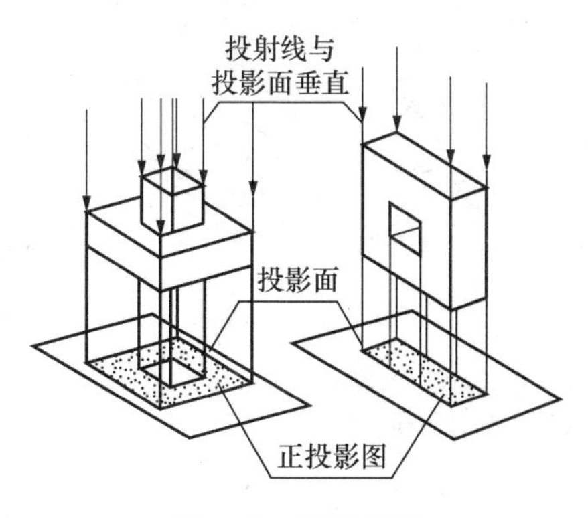

图 1－1　正投影图

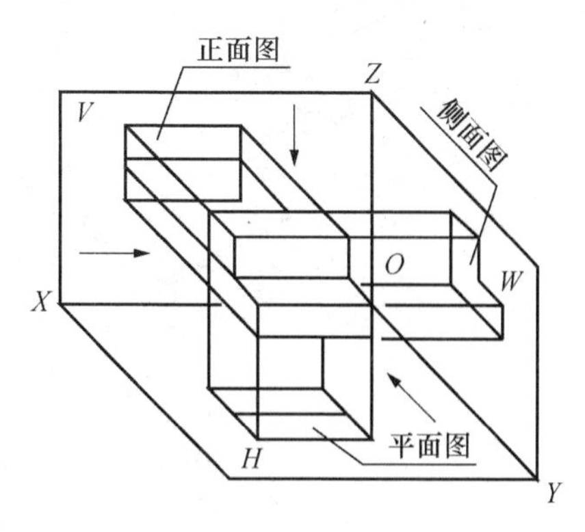

图 1－2　投影图的形成

视图、左视图、右视图、仰视图、后视图来命名。在建筑装饰制图中，对六个基本视图图名作出了专业性规定，对应名称为正立面图、平面图、左侧立面图、右侧立面图、底面图、背立面图。

选择适当的剖切平面位置，用一个或者多个假想的剖切平面将物体剖切开，移去观察者和剖切平面之间的部分，作出能够确切、全面地反映所要表达剩余部分真实形状的正投影，叫做剖面图（图 1－3）。断面图是剖面图中物体被剖切后剖切平面与物体接触的某一部位的正投影。剖面图反映的是物体剖切面全局的内部结构，而断面图反映的是物体剖切面局部的内部结构。由于房屋装饰某些复杂、细小部位的处理、做法和使用材料等，很难在比例较小的装饰工程的平面图、立面图、剖面图中表达清楚，为了满足施工的需要，必须分别将这些部位的形状、尺寸、材料、做法等用较大的比例详细画出图样，这种图样称为建筑装饰结构详图。装饰术语中的建筑结构详图类似于画法几何术语中的断面图。

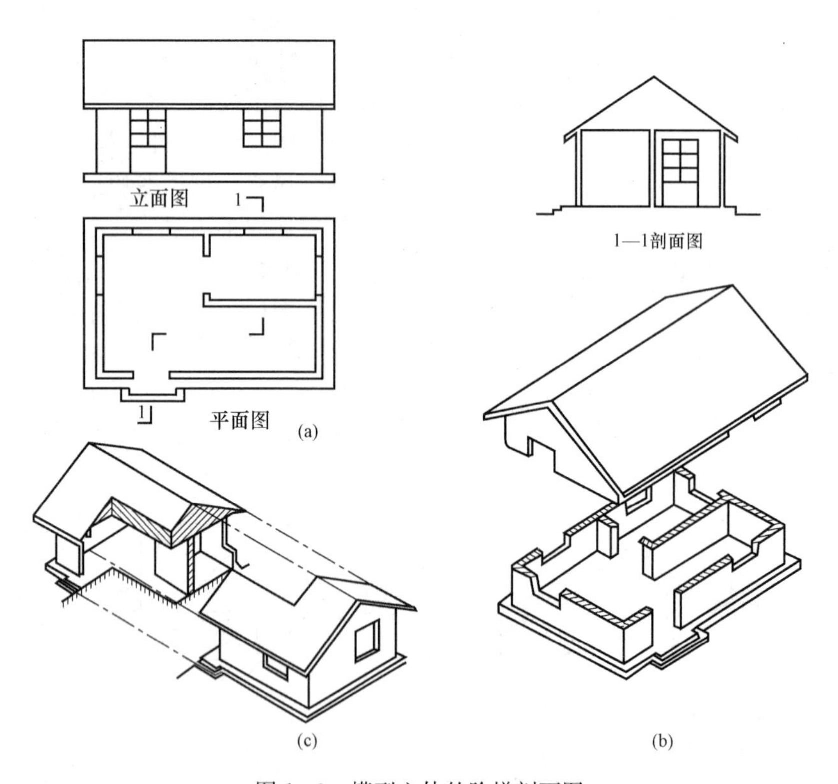

图 1－3　模型立体的阶梯剖面图

二、装饰工程中常用图例符号

表 1 - 1　　**建筑材料图例**

序号	名称	图例	说明
1	自然土		包括各种自然土
2	砂、灰土	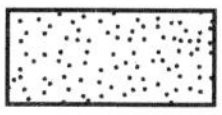	靠近轮廓线点较密的点
3	砂砾石、碎砂三合土	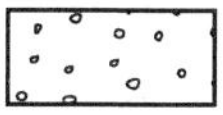	
4	夯实土		
5	毛石	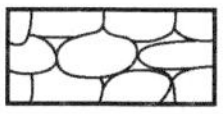	
6	天然石材	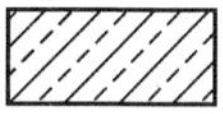	包括岩层、砌体、铺地、贴面等材料
7	耐火砖	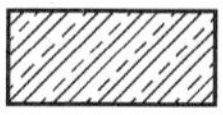	包括耐酸砖等
8	空心砖		包括各种多孔砖
9	普通砖	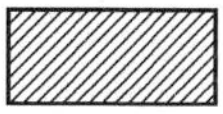	1. 包括砌体、砌块 2. 断面较窄，不易画出图例线、可涂红
10	饰面砖	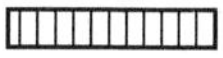	包括铺地砖、赛马克陶瓷地砖、陶瓷锦砖、人造大理石等
11	混凝土		1. 本图例仅适用于能承重的混凝土及钢筋混凝土 2. 包括各种标号、骨料、添加剂的混凝土 3. 在剖面图上画出钢筋时不画图例线 4. 如断面较窄，不易画出图例线，可涂黑
12	钢筋混凝土		
13	多孔材料	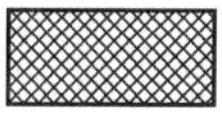	包括水泥珍珠岩、沥青珍珠岩、泡沫混凝土、非承重加气混凝土、泡沫塑料、软木等
14	纤维材料	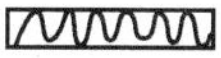	包括麻丝、玻璃棉、矿渣棉、木丝板、纤维板等
15	焦渣、矿渣	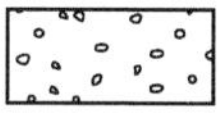	包括与水泥、石灰等混合而成的材料
16	松散材料		包括木屑、石灰木屑、稻壳等
17	金属	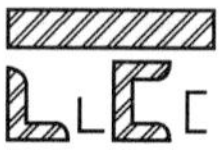	1. 包括各种金属 2. 图形小时可涂黑

续表

序号	名称	图例	说明	序号	名称	图例	说明
18	胶合板		应注册×层胶合板	23	塑料		包括各种软、硬塑料、有机玻璃等
19	木材		1. 上图为横断面、左上图为垫木、木砖、木龙骨 2. 下图为纵断面	24	玻璃		包括平板玻璃、磨砂玻璃、夹丝玻璃、钢化玻璃等
20	石膏板			25	橡胶		
21	网状材料		1. 包括金属，塑料等网状材料 2. 注明材料	26	防水卷材		构造层次多和比例较大时采用上面图例
22	液体		注明名称	27	粉刷		本图例点以较稀的点

表 1-2　　装 饰 图 例

图　例	名称	图　例	名称	图　例	名称
	单扇门		嵌灯		电视机
	双扇门		台灯或落地灯		钢琴
	双扇内外开双弹门		四人桌椅		吸顶灯
	其他家具（写出名称）		沙发		吊灯
	双人床及床头柜		各类椅凳		消防喷淋器
	盆花		衣柜		烟感器
	地毯		单人床及床头柜		浴缸
			帘布		脸面台
					座式大便器

三、施工图的识读

1. 图纸目录与索引

整套工程图包括许多不同内容的图纸，所以要通过图纸目录和图纸索引标志才能迅速快速地查阅其内容。图纸目录包括设计单位、工程名称、图纸名称、图号、图别以及编号、设计号。设置索引号是为了便于查找相关图样，通过索引我们可以看出基本图纸与详图之间以及与有关工种图纸之间的关系，如图 1-4 所示。当图样中某一局部或构、配件需另外绘制局部放大或剖切放大详图时，可在原图样中看到索引符号，指明详图所表示的部位，详图编号和详图所在图纸的编号。索引符号是由直径为 10mm 的圆和其水平直径组成的，圆及水平直径均以细实线绘制。

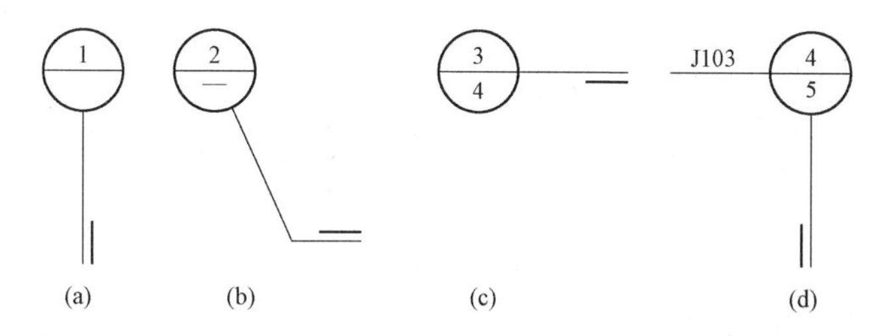

图 1-4 用于索引剖面详图的索引符号

2. 图中常用的符号与记号

施工图中常用一些统一规定的符号和记号来表示，因此熟悉并掌握常用的符号和记号对识图很重要。

定位轴线用细点画线绘制，一般应有编号，编号注写在轴线端部的圆内。圆应用细实线绘制，直径为 8～10mm。定位轴线圆的圆心，应在定位轴线的延长线上或延长线的折线上。平面图上定位轴线的编号，宜标注在图样的下方与左侧。横向编号应用阿拉伯数字，从左至右顺序编写，竖向编号应用大写拉丁字母，从下至上顺序编写。拉丁字母的 I、O、Z 不得用作轴线编号。如字母数量不够使用，可增用双字母或单字母加数字注脚。组合较复杂的平面图中定位轴线也可采用分区编号，编号的注写形式应为“分区号——该分区编号”。分区号采用阿拉伯数字或大写拉丁字母表示（图 1-5）。附加定位轴线的编号，应以分数形式表示，分母表示前一轴线的编号，分子宜用阿拉伯数字顺序编写表示附加轴线的编号。

引出线应以细实线绘制，用水平方向的直线、与水平方向成 30°、45°、60°、

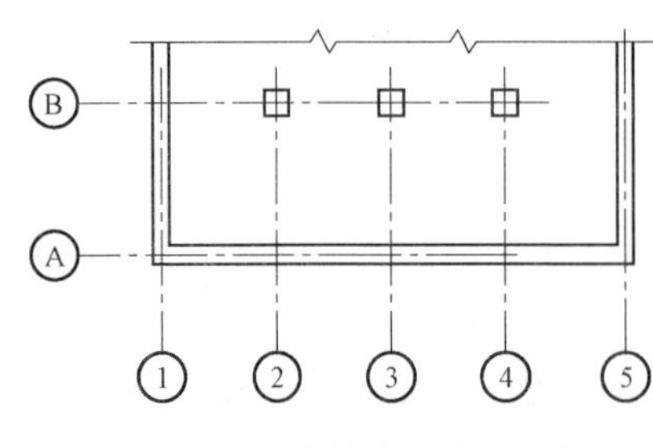

图 1-5 定位轴线的编号顺序

90°的直线，或经上述角度再折为水平线。文字说明多注写在水平线的上方，也有的是注写在水平线的端部。索引详图的引出线，与水平直径线相连接。同时引出几个相同部分的引出线，多互相平行，有的是画成集中于一点的放射线。多层构造或多层管道共用引出线，被引出的各层文字说明宜注写在水平线的上方，或注写在水平线的端部（图 1-6），说明的顺序应由上至下，并应与被说明的层次相一致；如层次为横向排序，则由上至下的说明顺序应与由左至右的层次相一致。

剖视的剖切符号应由剖切位置线及投射方向线组成，均以粗实线绘制，如图 1-7 所示。剖切位置线的长度多为 6～10mm；投射方向线应垂直于剖切位置线，长度应短于剖切位置线，多为 4～6mm。绘制时，剖视的剖切符号不与其他图线相接触。剖视剖切符号的编号采用阿拉伯数字，按顺序由左至右、由下至上连续编排，并注写在剖视方向线的端部。需要转折的剖切位置线，多在转角的外侧加注与该符号相同的编号。建（构）筑物剖面图的剖切符号多注在±0.00 标高的平面图上。

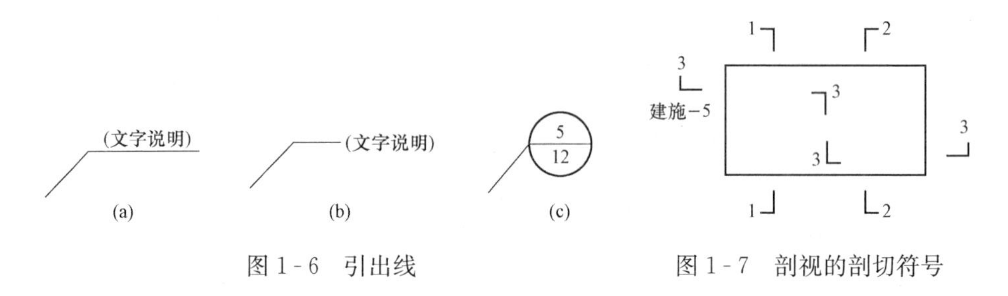

图 1-6 引出线　　图 1-7 剖视的剖切符号

3. 装饰施工图类别

装饰施工图是在建筑施工图的基础上，结合环境艺术设计的要求，更详细地表达建筑空间的装饰做法及整体效果的图样。它是以透视效果图为主要依据，采用正投影等投影法反映建筑的装饰结构、装饰造型、饰面处理，以及反映家具、陈设、绿化等布置内容。图样内容一般有平面布置图、顶棚平面图、装饰立面图、装饰剖面图和节点详图等，是室内装饰施工、室内家具和设备的制作、购置和编制装修工程预算的依据。

平面布置图是假想用一水平的剖切平面，沿需装饰的房间的门窗洞口处作水平全剖切，移去上面部分，对装饰和陈设的剩下部分所作的水平正投影图，如图

1-8所示。平面布置图的比例一般采用1∶100、1∶50，内容比较少时采用1∶200。剖切到的墙、柱等结构体的轮廓，用粗实线表示，其他内容均用细实线表示。

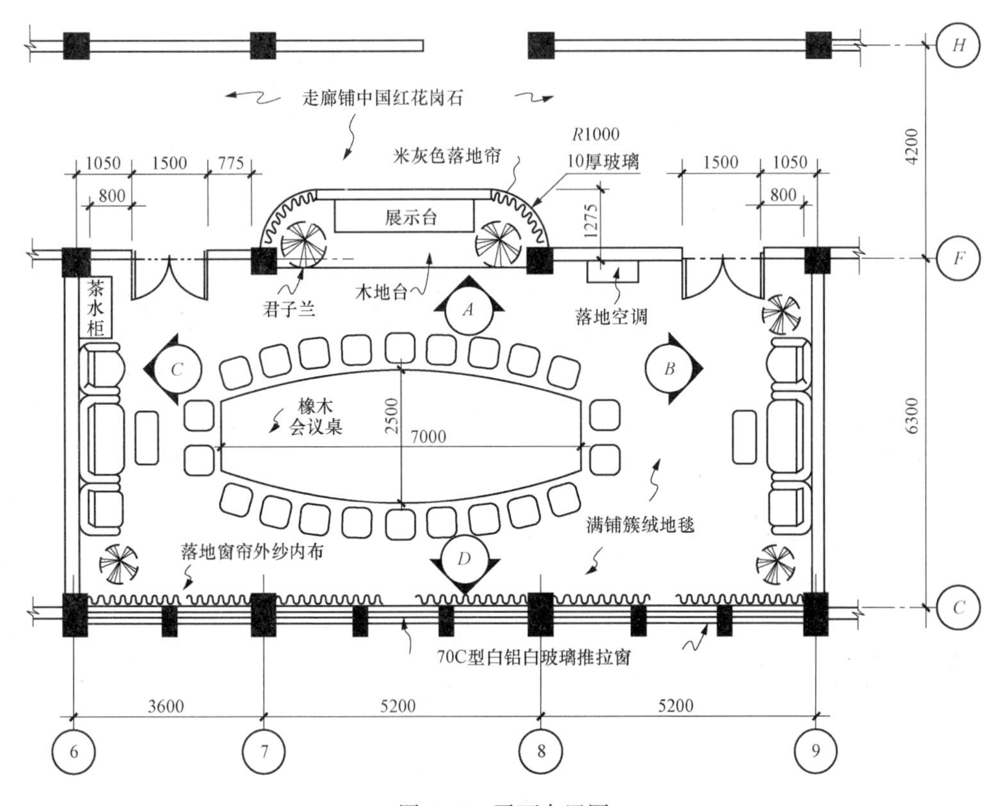

图1-8　平面布置图

用一个假想的水平剖切平面，沿需装饰房间的门窗洞口处，作水平全剖切，移去下面部分，对剩余的上面部分所作的镜像投影，就是顶棚平面图，如图1-9所示。顶棚平面图一般不画成仰视图。镜像投影是镜面中反射图像的正投影。顶棚平面图用于反映房间顶面的形状、装饰做法及所属设备的位置、尺寸等内容。常用比例同平面布置图。

将建筑物装饰的外观墙面或内部墙面向铅直的投影面所作的正投影图就是装饰立面图，如图1-10所示。图上主要反映墙面的装饰造型、饰面处理，以及剖切到顶棚的断面形状、投影到的灯具或风管等内容。装饰立面图所用比例为1∶100、1∶50或1∶25，室内墙面的装饰立面图一般选用较大比例。

装饰剖面图是将装饰面（或装饰体）整体剖开（或局部剖开）后，得到的反映内部装饰结构与饰面材料之间关系的正投影图。一般采用1∶10～1∶50的比例。节点详图是前面所述各种图样中节点未标明之处，用较大的比例画出的用于

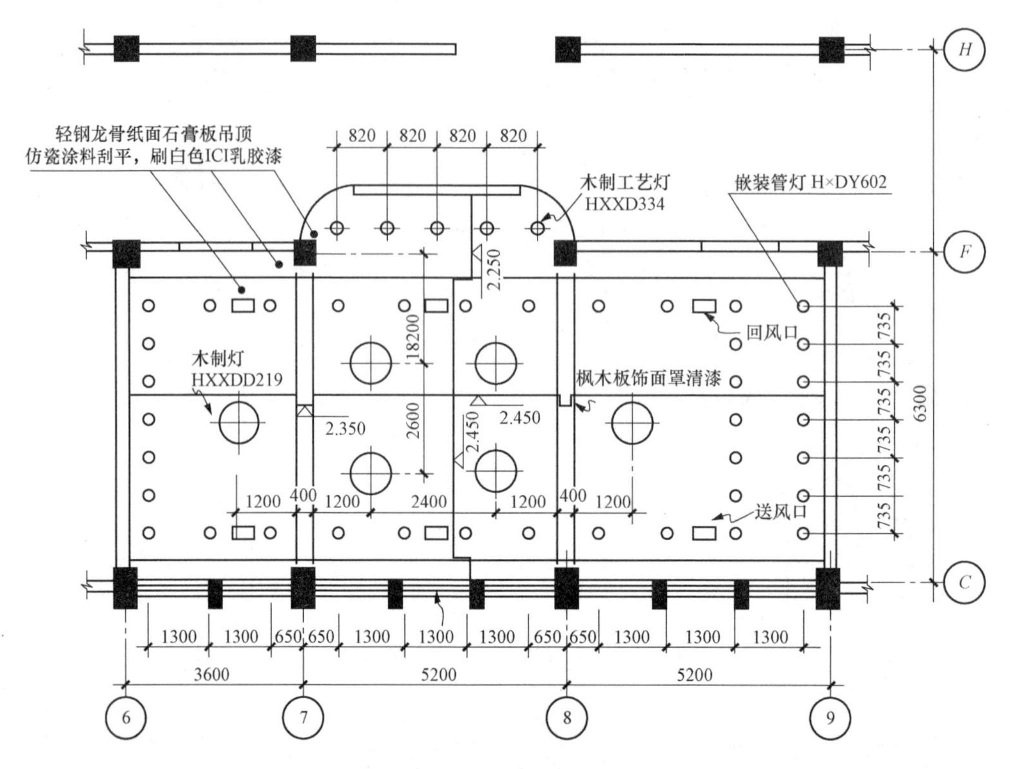

图 1-9 顶棚平面图

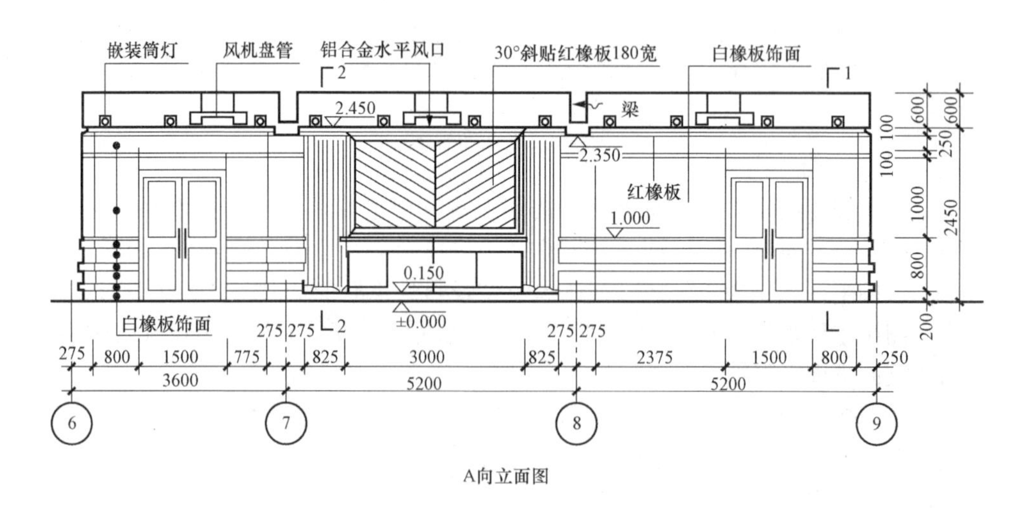

图 1-10 装饰立面图

施工图的图样（也称作大样图），如图 1-11 所示。

建筑装饰所属的构配件项目很多，它包括各种室内配套设置体，如酒吧台、

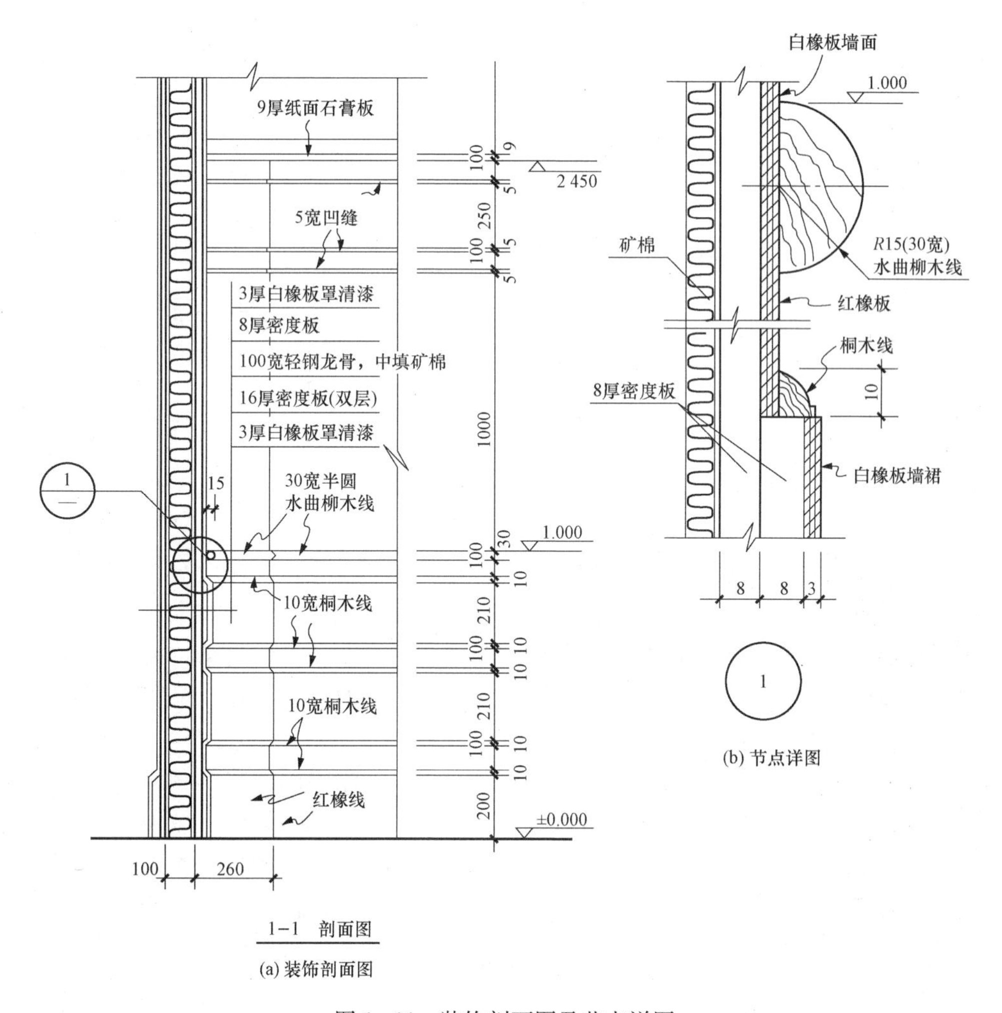

图 1-11　装饰剖面图及节点详图

酒吧框、服务台、售货框和各种家具等，还包括结构上的一些装饰构件，如装饰门、门窗套、装饰隔断、花格、楼梯栏板（杆）等，如图 1-12 所示。这些配置体和构件受图幅和比例的限制，在基本图中无法表达精确，都要根据设计意图另行作出比例较大的图样，来详细表明它们的式样、用料、尺寸和做法，这些图样即为装饰构配件图。构配件图有图例和详图等形式。图例是以图形规定出的画法，详图是为表达准确而作出比例较大的图样。详图主要用来表达建筑细部构造、构配件的形状。图例多采用国家制图标准规定的图例。

4. 装饰施工图识读要点

对于装饰平面布置图而言，首先应根据图名了解房间的名称、功能及所用比例；其次要根据各承重构件的布局，了解装饰空间的平面形状和建筑结构形式，

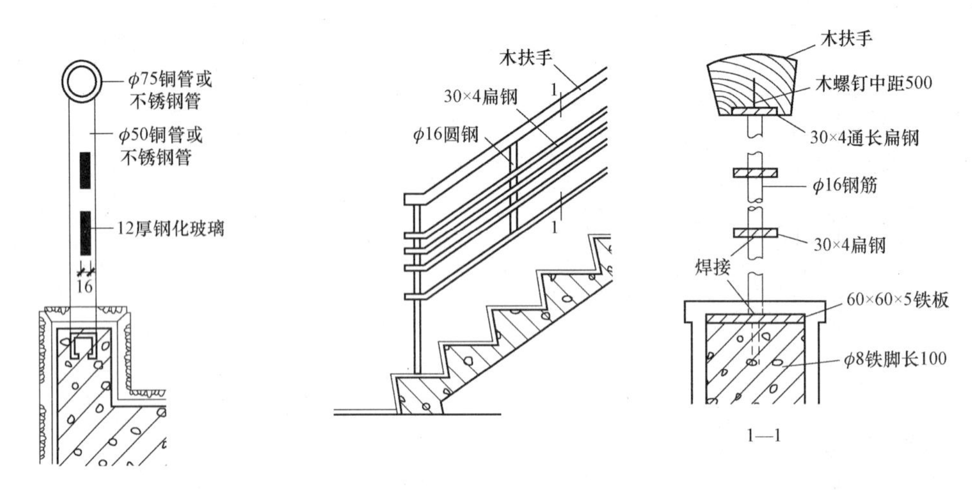

图 1-12　组合式栏杆

并根据承重构件的轴线编号，找到其在整个建筑中的位置；同时应分析装饰平面图例，了解室内设置、家具安放的位置、规格和要求以及与装饰布局的关系；还要根据尺寸，了解装饰平面面积、各陈设的大小形状及其与建筑结构的相对位置关系；另外需通过阅读详细的文字说明，了解施工图对材料规格、品种、色彩及具体施工工艺要求等。

对装饰立面图而言，首先要根据图名和比例，在平面图中找到相应投影方向的墙面；接着根据立面造型，分析各立面上有几种不同的装饰面，装饰面的所用材料及其施工工艺要求与最终体现的风格；然后根据立面尺寸，分析各立面的总面积及各细部的大小与位置；并且要了解各不同材料饰面之间的衔接收口方式、所用材料和工艺要求等；还需注意检查电源开关、插座等设施的安装位置和安装方式，以便在施工中留位。

对于装饰剖面图识图而言，首先根据图形特点，分清是墙身剖面图还是吊顶剖面图，并由图名找出它在相应图中的剖切位置与投影方向。对于墙身剖面图，可从墙角开始自上而下对各装饰结构由里及表地识读，分析其各房屋所用材料及其规格、面层的收口工艺与要求，各装饰结构之间及装饰结构与建筑结构之间的连接与固定方式，并根据尺寸进一步确定各细部的大小。对于吊顶剖面图，可从吊点、吊筋开始，依主龙骨、次龙骨、基层板与饰面的顺序进行识读，分析各层次的材料与规格及其连接方法，尤其注意各凹凸层面的边缘、灯槽、吊顶与墙体的连接与收口工艺及各细部尺寸。对于某些仍未表达清楚的细部，可由索引符号找到其对应的局部放大图。

第二章　门 窗 工 程

一、门窗工程清单工程量计算规范

1. 木门工程

木门工程工程量清单项目设置及工程量计算规则应按表 2-1 的规定执行。

表 2-1　　　　**木门工程**（编码：010801）

<table>
<tr><th>项目编码</th><th>项目名称</th><th>项目特征</th><th>计量单位</th><th>工程量计算规则</th><th>工程内容</th></tr>
<tr><td>010801001</td><td>木质门</td><td rowspan="2">1. 门代号及洞口尺寸
2. 镶嵌玻璃品种、厚度</td><td rowspan="2">1. 樘
2. m^2</td><td rowspan="2">1. 以樘计量，按设计图示数量计算
2. 以平方米计量，按设计图示洞口尺寸以面积计算</td><td rowspan="2">1. 门安装
2. 玻璃安装
3. 五金安装</td></tr>
<tr><td>010801003</td><td>木质连窗门</td></tr>
</table>

2. 金属门工程

金属门工程工程量清单项目设置及工程量计算规则应按表 2-2 的规定执行。

表 2-2　　　　**金属门工程**（编码：010802）

<table>
<tr><th>项目编码</th><th>项目名称</th><th>项目特征</th><th>计量单位</th><th>工程量计算规则</th><th>工程内容</th></tr>
<tr><td>010802001</td><td>金属（塑钢）门</td><td>1. 门代号及洞口尺寸
2. 门框或扇外围尺寸
3. 门框、扇材质
4. 玻璃品种、厚度</td><td rowspan="3">1. 樘
2. m^2</td><td rowspan="3">1. 以樘计量，按设计图示数量计算
2. 以平方米计量，按设计图示洞口尺寸以面积计算</td><td rowspan="2">1. 门安装
2. 玻璃安装
3. 五金安装</td></tr>
<tr><td>010802002</td><td>彩板门</td><td>1. 门代号及洞口尺寸
2. 门框或扇外围尺寸</td></tr>
<tr><td>010802004</td><td>防盗门</td><td>1. 门代号及洞口尺寸
2. 门框或扇外围尺寸
3. 门框、扇材质</td><td>1. 门安装
2. 五金安装</td></tr>
</table>

3. 金属卷帘（闸）门工程

金属卷帘（闸）门工程工程量清单项目设置及工程量计算规则应按表2-3的规定执行。

表2-3 金属卷帘（闸）门工程（编码：010803）

项目编码	项目名称	项目特征	计量单位	工程量计算规则	工程内容
010803001	金属卷帘（闸）门	1. 门代号及洞口尺寸 2. 门材质 3. 启动装置品种、规格	1. 樘 2. m^2	1. 以樘计量，按设计图示数量计算 2. 以平方米计量，按设计图示洞口尺寸以面积计算	1. 门运输、安装 2. 启动装置、活动小门、五金安装

4. 厂库房大门、特种门工程

厂库房大门、特种门工程工程量清单项目设置及工程量计算规则应按表2-4的规定执行。

表2-4 厂库房大门、特种门工程（编码：010804）

项目编码	项目名称	项目特征	计量单位	工程量计算规则	工程内容
010804002	钢木大门	1. 门代号及洞口尺寸 2. 门框或扇外围尺寸 3. 门框、扇材质 4. 五金种类、规格 5. 防护材料种类	1. 樘 2. m^2	1. 以樘计量，按设计图示数量计算 2. 以平方米计量，按设计图示洞口尺寸以面积计算	1. 门（骨架）制作、运输 2. 门、五金配件安装 3. 刷防护材料
010804005	金属格栅门	1. 门代号及洞口尺寸 2. 门框或扇外围尺寸 3. 门框、扇材质 4. 启动装置的品种、规格			1. 门安装 2. 启动装置、五金配件安装
010804007	特种门	1. 门代号及洞口尺寸 2. 门框或扇外围尺寸 3. 门框、扇材质			1. 门安装 2. 五金配件安装

5. 其他门工程

其他门工程工程量清单项目设置及工程量计算规则应按表 2-5 的规定执行。

表 2-5　　**其他门工程**（编码：010805）

项目编码	项目名称	项目特征	计量单位	工程量计算规则	工程内容
010805002	旋转门	1. 门代号及洞口尺寸 2. 门框或扇外围尺寸 3. 门框、扇材质 4. 玻璃品种、厚度 5. 启动装置的品种、规格 6. 电子配件品种、规格	1. 樘 2. m^2	1. 以樘计量，按设计图示数量计算 2. 以平方米计量，按设计图示洞口尺寸以面积计算	1. 门安装 2. 启动装置、五金、电子配件安装
010805005	全玻自由门	1. 门代号及洞口尺寸 2. 门框或扇外围尺寸 3. 框材质 4. 玻璃品种、厚度			1. 门安装 2. 五金安装

6. 木窗工程

木窗工程工程量清单项目设置及工程量计算规则应按表 2-6 的规定执行。

表 2-6　　**木窗工程**（编码：010806）

项目编码	项目名称	项目特征	计量单位	工程量计算规则	工程内容
010806001	木质窗	1. 窗代号及洞口尺寸 2. 玻璃品种、厚度	1. 樘 2. m^2	1. 以樘计量，按设计图示数量计算 2. 以平方米计量，按设计图示洞口尺寸以面积计算	1. 窗安装 2. 五金、玻璃安装

7. 金属窗工程

金属窗工程工程量清单项目设置及工程量计算规则应按表 2-7 的规定执行。

表 2-7 金属窗工程（编码：010807）

项目编码	项目名称	项目特征	计量单位	工程量计算规则	工程内容
010807001	金属（塑钢、断桥）窗	1. 窗代号及洞口尺寸 2. 框、扇材质 3. 玻璃品种、厚度	1. 樘 2. m^2	1. 以樘计量，按设计图示数量计算 2. 以平方米计量，按设计图示洞口尺寸以面积计算	1. 窗安装 2. 五金、玻璃安装
010807008	彩板窗	1. 窗代号及洞口尺寸 2. 框外围尺寸 3. 框、扇材质 4. 玻璃品种、厚度		1. 以樘计量，按设计图示数量计算 2. 以平方米计量，按设计图示洞口尺寸或框外围以面积计算	

8. 门窗套工程

门窗套工程工程量清单项目设置及工程量计算规则应按表 2-8 的规定执行。

表 2-8 门窗套工程（编码：010808）

项目编码	项目名称	项目特征	计量单位	工程量计算规则	工程内容
010808006	门窗木贴脸	1. 门窗代号及洞口尺寸 2. 贴脸板宽度 3. 防护材料种类	1. 樘 2. m	1. 以樘计量，按设计图示数量计算 2. 以米计量，按设计图示尺寸以延长米计算	安装

9. 窗台板工程

窗台板工程工程量清单项目设置及工程量计算规则应按表 2-9 的规定执行。

表 2-9 窗台板工程（编码：010809）

项目编码	项目名称	项目特征	计量单位	工程量计算规则	工程内容
010809001	木窗台板	1. 基层材料种类 2. 窗台面板材质、规格、颜色 3. 防护材料种类	m^2	按设计图示尺寸以展开面积计算	1. 基层清理 2. 基层制作、安装 3. 窗台板制作、安装 4. 刷防护材料
010809002	铝塑窗台板				

10. 窗帘、窗帘盒、轨工程

窗帘、窗帘盒、轨工程工程量清单项目设置及工程量计算规则应按表2-10的规定执行。

表2-10　　窗帘、窗帘盒、轨工程（编码：010810）

项目编码	项目名称	项目特征	计量单位	工程量计算规则	工程内容
010810002	木窗帘盒	1. 窗帘盒材质、规格 2. 防护材料种类	m	按设计图示尺寸以长度计算	1. 制作、运输、安装 2. 刷防护材料

二、工程算量示例

【例2-1】如图2-1所示为一带纱扇带亮子的镶板门，试求其工程量。

【解】清单工程量=0.9×2.7=2.43(m^2)

【注释】0.9表示镶板门的宽度，2.7表示镶板门的高度，两者相乘表示镶板门的面积。

清单工程量计算见表2-11。

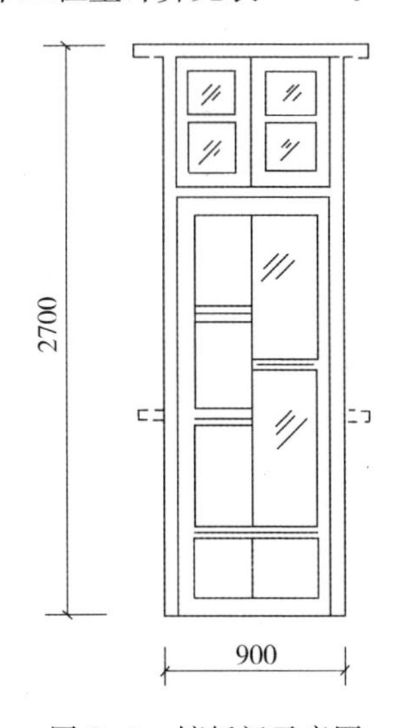

图2-1　镶板门示意图

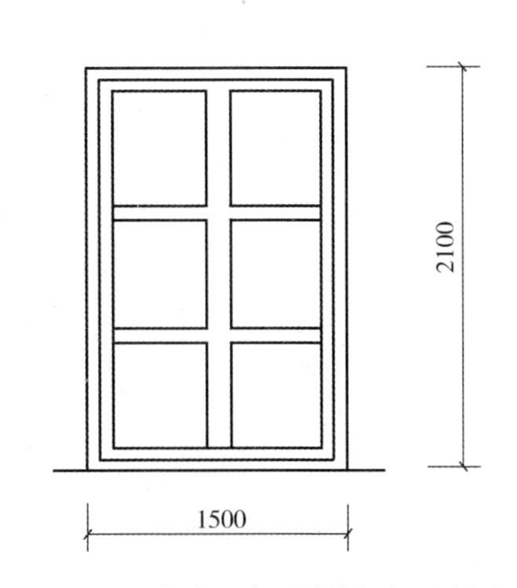

图2-2　无亮双扇无纱镶板门示意图

表 2-11 清单工程量计算表

项目编码	项目名称	项目特征描述	计量单位	工程量
010801001001	木质门	带纱扇带亮子镶板木门	m^2	2.43

【例 2-2】 某门窗工程，门为无亮双扇无纱镶板门（30 樘），其洞口尺寸如图 2-2 所示。门安装普通门锁，木门用普通杉木贴面（单面）贴脸宽度 100mm，刷调和漆两遍。试求其工程量。

【解】 门制作安装工程量＝2.1×1.5×30＝94.5(m^2)

门油漆工程量＝2.1×1.5×30＝94.5(m^2)

【注释】2.1 表示无亮双扇无纱镶板门的高度，1.5 表示无亮双扇无纱镶板门的宽度，高度乘以宽度即为门的面积，30 为无亮双扇无纱镶板门樘数。

清单工程量计算见表 2-12。

表 2-12 清单工程量计算表

序号	项目编码	项目名称	项目特征描述	计量单位	工程量
1	010801001001	木质门	无亮双扇无纱镶板木门	m^2	94.50
2	011401001001	木门油漆	镶板门、调和漆两遍	m^2	94.50

【例 2-3】 如图 2-3 所示，试求空花木门的工程量。

【解】 矩形门工程量：1.2×2.1＝2.52(m^2)

【注释】1.2 表示矩形空花木门的宽度，2.1 表示矩形空花木门的高度 。

$$\text{半圆形门工程量}=\frac{1}{8}\pi D^2=\frac{1}{8}\times\pi\times1.2^2=0.57(m^2)$$

【注释】1.2 表示半圆形门的直径，半圆形门的面积可以用直径为 1.2 的圆的面积的一半来计算，即 $1/2\times\pi\times(1.2/2)^2$，即 $1/8\times\pi\times1.2^2$。其中，1.2/2 表示半圆形门的半径。

空花木门的工程量＝2.52＋0.57＝3.09(m^2)

清单工程量计算见表 2-13。

表 2-13 清单工程量计算表

项目编码	项目名称	项目特征描述	计量单位	工程量
010801001001	木质门	矩形空花木门	m^2	3.09

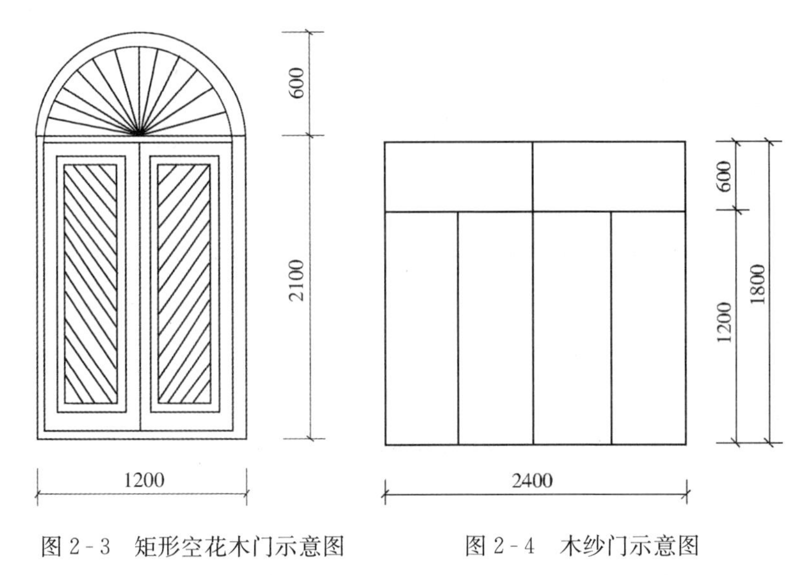

图 2-3 矩形空花木门示意图　　　　图 2-4 木纱门示意图

【例 2-4】如图 2-4 所示的木纱门，试求该门的工程量。

【解】工程量计算：

$$2.4\times1.8=4.32(m^2)$$

【注释】2.4 表示木纱门的高度，1.8 表示木纱门的宽度。

清单工程量计算见表 2-14。

表 2-14　　　　清单工程量计算表

项目编码	项目名称	项目特征描述	计量单位	工程量
010801001001	木质门	木纱门	m^2	4.32

【例 2-5】某住宅楼阳台铝合金连窗门，如图 2-5 所示，共 18 樘，洞口尺寸为：门高 2400mm，窗高 1400mm；门宽 900mm，窗宽 1000mm。试求连窗门清单工程量。

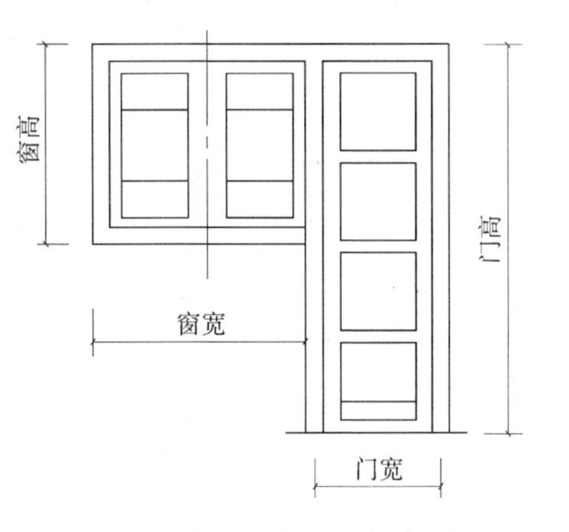

图 2-5 某住宅铝合金连窗门示意图

【解】清单工程量：

(1) 窗的工程量$=1.4\times1\times18$

$=25.2(m^2)$

【注释】1.4 表示铝合金连窗门窗的高度，1 表示铝合金连窗门窗的宽度，18 表示窗的个数。

(2) 门的工程量＝2.4×0.9×18＝38.88(m^2)

【注释】2.4 表示铝合金连窗门门的高度，0.9 表示铝合金连窗门门的宽度，18 表示门的个数。

门连窗工程量＝25.2＋38.88＝64.08(m^2)

【注释】门连窗工程量应分别计算在合并到总的工程量中。

清单工程量计算见表 2-15。

表 2-15　清单工程量计算表

项目编码	项目名称	项目特征描述	计量单位	工程量
010801003001	木质连窗门	窗，铝合金连窗门；共 18 樘	m^2	64.08

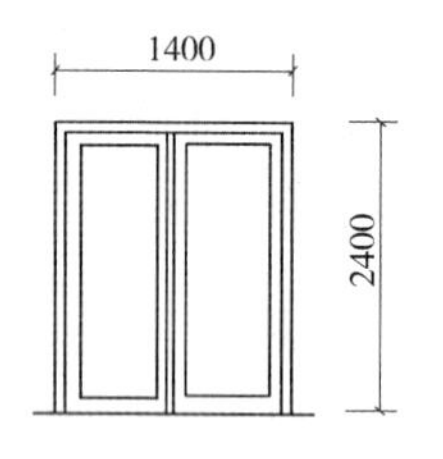

图 2-6　无亮子铝合金地弹门示意图

【例 2-6】如图 2-6 所示为一无亮子铝合金地弹门，试求其工程量。

【解】工程量＝1.4×2.4＝3.36(m^2)

【注释】1.4 表示无亮子铝合金地弹门的宽度，2.4 表示无亮子铝合金地弹门的高度。

清单工程量计算见表 2-16。

表 2-16　清单工程量计算表

项目编码	项目名称	项目特征描述	计量单位	工程量
010802001001	金属（塑钢）门	一无亮子铝合金地弹门	m^2	3.36

【例 2-7】某商店双扇地弹门如图 2-7 所示，共 2 樘，试求其工程量。

【解】铝合金地弹门工程量＝2.70×1.50×2＝8.10(m^2)

【注释】2.7 表示铝合金地弹门的高度，1.5 表示铝合金地弹门的宽度，2 表示门的樘数。

清单工程量计算见表 2-17。

表 2-17　清单工程量计算表

项目编码	项目名称	项目特征描述	计量单位	工程量
010802001001	金属（塑钢）门	铝合金双扇地弹门	m^2	8.10

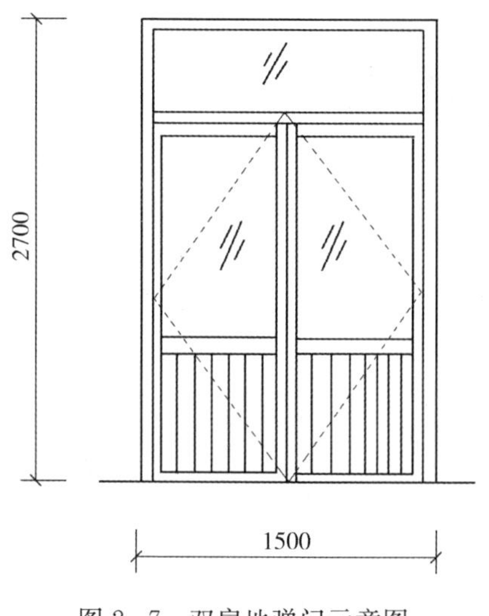

图 2-7　双扇地弹门示意图

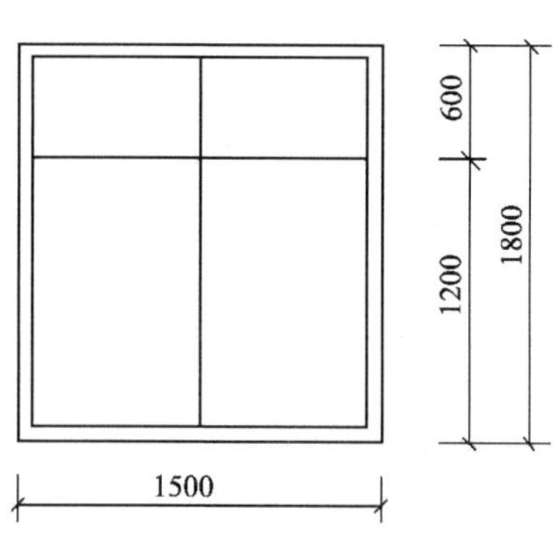

图 2-8　彩板门示意图

【例 2-8】 如图 2-8 所示的彩板门，试求该门的工程量。

【解】 工程量计算：

$$1.5\times1.8=2.7(\mathrm{m}^2)$$

【注释】1.5 表示彩板门的宽度，1.8 表示彩板门的高度。

清单工程量计算见表 2-18。

表 2-18　清单工程量计算表

项目编码	项目名称	项目特征描述	计量单位	工程量
010802002001	彩板门	彩板门	m^2	2.70

【例 2-9】 如图 2-9 所示，试求电动铝合金卷闸门工程量。

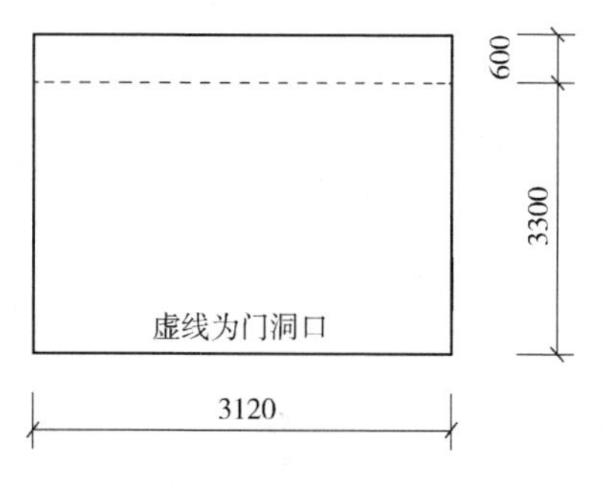

图 2-9　铝合金电动卷闸门示意图

【解】 卷闸门安装工程量 $=3.12\times3.3=10.30(\mathrm{m}^2)$

【注释】3.12 表示电动铝合金卷闸门的宽度，3.3 表示电动铝合金卷闸门的高度。

清单工程量计算见表 2-19。

表 2-19 清单工程量计算表

项目编码	项目名称	项目特征描述	计量单位	工程量
010803001001	金属卷帘（闸）门	电动铝合金卷闸门	m^2	10.30

【例 2-10】 如图 2-10 所示，试求折叠铁门的工程量。

【解】 工程量$=3.0\times3.0=9.0(m^2)$

【注释】3.0 表示折叠铁门的宽度，第二个 3.0 表示折叠铁门的高度。

清单工程量计算见表 2-20。

表 2-20 清单工程量计算表

项目编码	项目名称	项目特征描述	计量单位	工程量
010802004001	防盗门	折叠铁门	m^2	9.00

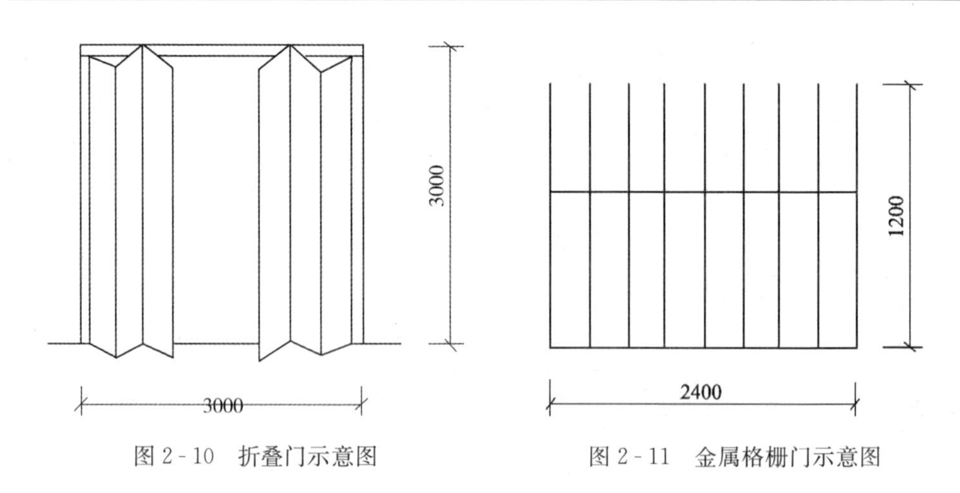

图 2-10 折叠门示意图　　图 2-11 金属格栅门示意图

【例 2-11】 如图 2-11 所示的金属格栅门，试求该金属格栅门的工程量。

【解】 工程量计算：

$$2.4\times1.2=2.88(m^2)$$

【注释】2.4 表示金属格栅门的宽度，1.2 表示金属格栅门的高度，两者相乘表示金属格栅门的面积。

清单工程量计算见表 2-21。

表 2-21 清单工程量计算表

项目编码	项目名称	项目特征描述	计量单位	工程量
010804005001	金属格栅门	金属格栅门	m^2	2.88

【例 2-12】 如图 2-12 所示，为一大型酒店的玻璃转门，转门门洞为 1500mm×2100mm，两边侧亮为 1200mm×2100mm，试求其工程量。

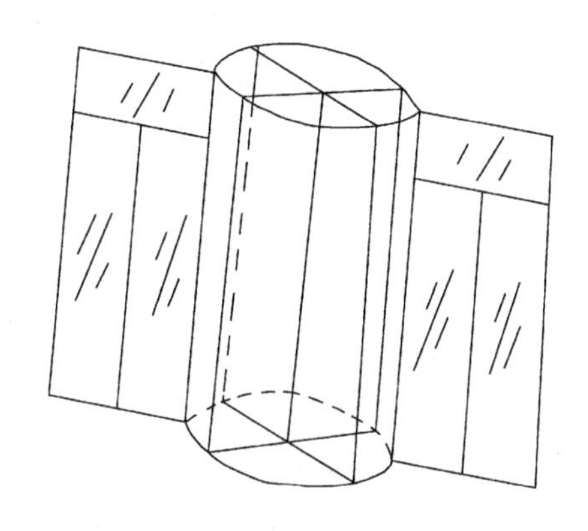

图 2-12　玻璃转门立面示意图

【解】玻璃转门的工程量=1.5×2.1×2=6.3(m^2)

【注释】1.5 表示转门门扇的宽度，2.1 表示转门门扇的高度，两者相乘表示一个转门门扇的面积，乘以 2 表示转门两个门扇的面积之和。

清单工程量计算见表 2-22。

表 2-22　　**清单工程量计算表**

项目编码	项目名称	项目特征描述	计量单位	工程量
010805002001	旋转门	玻璃转门，两边侧亮为 1200mm×2100mm	m^2	6.30

【例 2-13】如图 2-13 所示，试求带亮全玻璃自由门工程量。

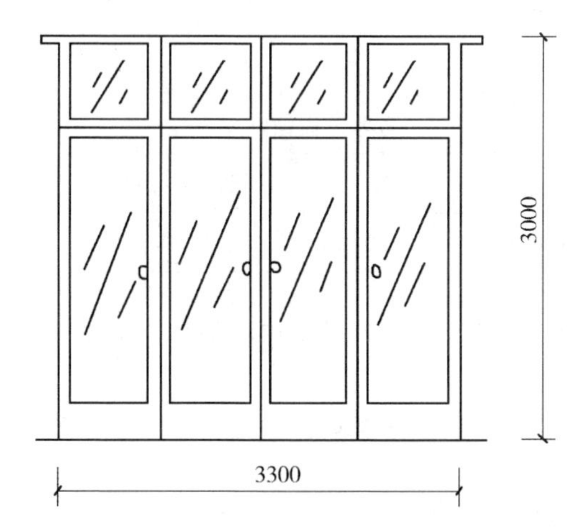

图 2-13　带亮全玻璃自由门示意图

【解】工程量=3.3×3.0=9.9(m^2)

【注释】3.3 表示带亮全玻璃自由门的宽度，3.0 表示带亮全玻璃自由门的高度。

清单工程量计算见表 2-23。

表 2-23　清单工程量计算表

项目编码	项目名称	项目特征描述	计量单位	工程量
010805005001	金玻自由门	带亮全玻璃自由门	m^2	9.90

【例 2-14】 如图 2-14 所示的半玻门带金属扇框，试求该金属半玻门带金属扇框的工程量。

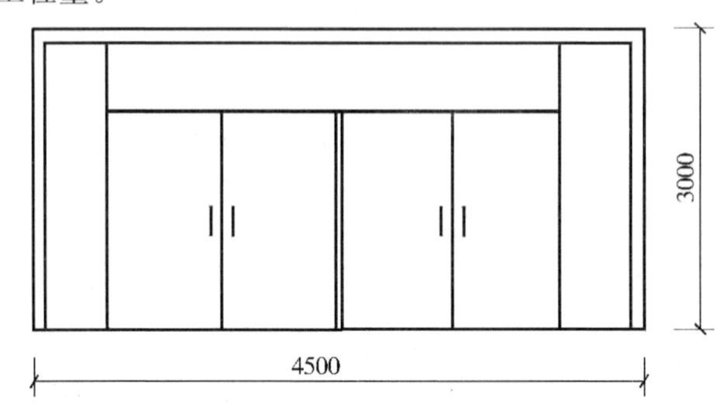

图 2-14　半玻门带金属扇框示意图

【解】 工程量计算：

$$4.5\times3=13.5(m^2)$$

【注释】 4.5 表示金属半玻门带金属扇框的宽度，3 表示金属半玻门带金属扇框的高度。

清单工程量计算见表 2-24。

表 2-24　清单工程量计算表

项目编码	项目名称	项目特征描述	计量单位	工程量
010802001001	金属（塑钢）门	金属半玻门带金属扇框	m^2	13.50

【例 2-15】 如图 2-15 所示，试求木质双扇推拉传递窗工程量。

【解】 工程量 $=1.5\times1.2=1.8(m^2)$

【注释】 1.5 表示木质双扇推拉传递窗的宽度，1.2 表示木质双扇推拉传递窗的高度。

清单工程量计算见表 2-25。

表 2-25　　清单工程量计算表

项目编码	项目名称	项目特征描述	计量单位	工程量
010806001001	木质窗	木制双扇推拉传递窗	m^2	1.80

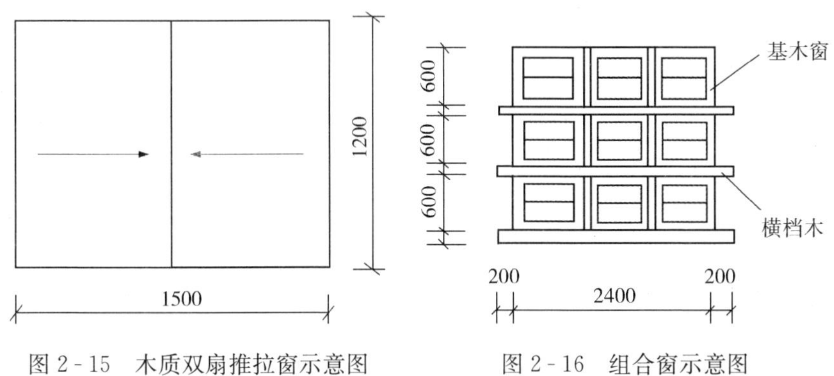

图 2-15　木质双扇推拉窗示意图
(图示尺寸为洞口尺寸)

图 2-16　组合窗示意图

【例 2-16】 按如图 2-16 所示尺寸试求组合窗工程量。

【解】 组合窗工程量=2.4×0.6×3=4.32(m^2)

【注释】2.4 表示组合窗的宽度，0.6 表示组合窗的一组基木窗的高度，两者相乘表示一组基木窗的面积，乘以 3 表示三组基木窗的面积之和。

清单工程量计算见表 2-26。

表 2-26　　清单工程量计算表

项目编码	项目名称	项目特征描述	计量单位	工程量
010806001001	木质窗	木组合窗	m^2	4.32

【例 2-17】 按如图 2-17 所示，试求铝合金窗的工程量。

【解】 工程量$=\frac{1.2+0.6}{2}\times0.6\times2+1.2\times1.2=2.52$($m^2$)

【注释】铝合金窗示意图中有两个梯形和一个正方形，$\frac{1.2+0.6}{2}\times0.6\times2$表示两个梯形的面积，其中 1.2 表示梯形的下底宽度，0.6 表示梯形的上底宽度，0.6 表示梯形的高度，乘以 2 表示两个梯形的面积之和；1.2×1.2 表示正方形的面积，1.2 为正方形的边长。

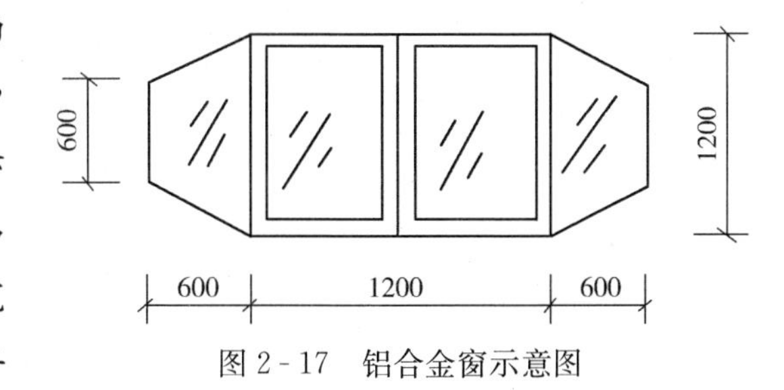

图 2-17　铝合金窗示意图

清单工程量计算见表2-27。

表2-27　　清单工程量计算表

项目编码	项目名称	项目特征描述	计量单位	工程量
010807001001	金属（塑钢、断桥）窗	铝合金窗	m^2	2.52

【例2-18】 如图2-18所示的彩板窗，试求该彩板窗的工程量。

【解】 工程量$=2.4\times1.5=3.6(m^2)$

【注释】 2.4表示彩板窗的宽度，1.5表示彩板窗的高度。

清单工程量计算见表2-28。

表2-28　　清单工程量计算表

项目编码	项目名称	项目特征描述	计量单位	工程量
010807008001	彩板窗	彩板窗	m^2	3.60

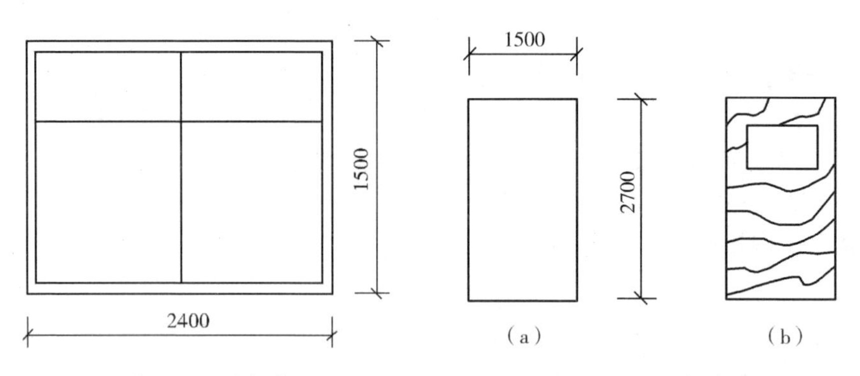

图2-18　彩板窗

图2-19　木制贴脸

(a) 门洞尺寸；(b) 夹板门（胶合板门）

【例2-19】 如图2-19所示，某工程安装木夹板门7樘，洞口尺寸为1500mm×2700mm（宽×高），设计要求做木质贴脸，试求其工程量。

【解】 门贴脸工程量$=(1.5+2.7\times2)\times7=48.30(m)$

【注释】 1.5表示木夹板门上面的门贴脸的长度，2.7×2表示木夹板门两侧的门贴脸的长度之和，7表示木夹板门的樘数。

清单工程量计算见表2-29。

表2-29　　清单工程量计算表

项目编码	项目名称	项目特征描述	计量单位	工程量
010808006001	门窗木贴脸	1. 洞口尺寸1500mm×2700mm 2. 木质贴脸	m	48.30

【例 2-20】如图 2-20 所示，某宾馆两间套房，试求其木装修部分窗帘盒、挂镜线工程量。

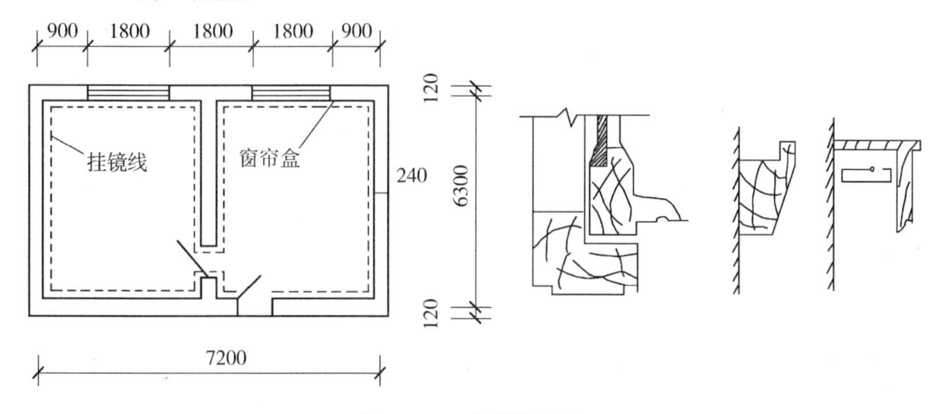

图 2-20　木制挂镜线

【解】1）窗帘盒工程量＝(0.15×2＋1.8)×2＝4.2(m)

【注释】0.15×2 表示窗帘盒两边按规定增加的两个 0.15 之和，1.8 表示窗的宽度，(0.15×2＋1.8) 表示窗帘盒的长度，2 表示窗帘盒的数量。

2）木制挂镜线工程量＝(7.2－0.24－1.8×2－0.15×4)＋(7.2－0.24)＋(6.3－0.12×2)×2＝21.84(m)

【注释】(7.2－0.24－1.8×2－0.15×4) 表示图中上面那道挂镜线的长度，减去的 0.24 表示两边两个半墙厚度，减去的 1.8×2 和 0.15×2 表示墙上两个窗帘盒的长度之和，7.2－0.24 表示图中下面那道挂镜线的长度，(6.3－0.12×2)×2 表示左右两边两道挂镜线的长度之和，0.12×2 表示两个半墙厚度之和。

清单工程量计算见表 2-30。

表 2-30　清单工程量计算表

项目编码	项目名称	项目特征描述	计量单位	工程量
010810002001	木窗帘盒	木制窗帘盒	m	4.20
011403005001	挂镜线、窗帘棍、单独木线油漆	木质挂镜线	m	21.84

【例 2-21】如图 2-21 所示，该窗采用铝合金窗台板，试求该窗台板的工程量(墙厚 240mm)。［窗台板长度比窗长度长 100mm，宽度为 240＋50＝290(mm)］

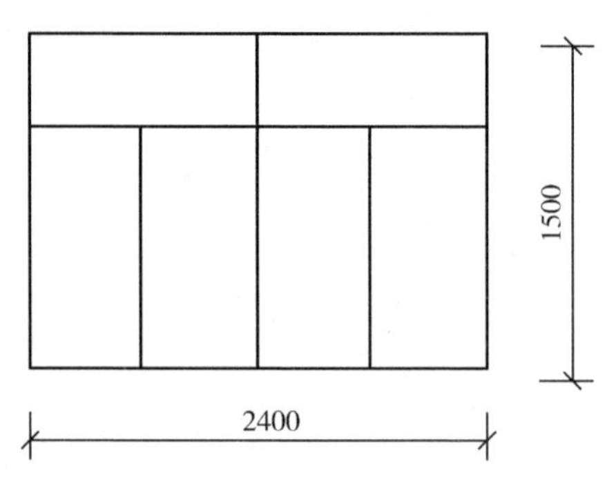

图 2-21　窗台示意图

【解】工程量计算：

$$(2.4+0.1)\times(0.24+0.05)=2.5\times0.29=0.725(m^2)$$

【注释】2.4+0.1 表示窗台板的长度，2.4 表示窗框的宽度，0.1 表示窗框的外围两端共加的长度，0.24+0.05 表示窗台板的宽度，0.24 表示墙厚，0.05 表示凸出墙面的宽度按墙厚增加的宽度。

清单工程量计算见表 2-31。

表 2-31　清单工程量计算表

项目编码	项目名称	项目特征描述	计量单位	工程量
010809002001	铝塑窗台板	铝合金窗台板，墙厚 240mm，窗台板长度比窗长度为 100mm，宽度为 290mm	m^2	0.73

【例 2-22】 试求如图 2-22 所示镶板木门双面钉贴脸工程量。

【解】清单工程量：

（1）镶板木门工程量

$$0.9\times2.1=1.89(m^2)$$

【注释】0.9 表示镶板木门宽度，2.1 表示镶板木门的高度。

（2）贴脸工程量

$$(2.1+2.1+0.9)\times2=10.2(m)$$

【注释】2.1+2.1 表示两个竖直方向上的贴脸板的长度，0.9 表示水平方向上的贴脸板的长度，两者相加乘以 2 表示两面贴脸板的长度之和，0.15 表示贴脸板的宽度。

清单工程量计算见表 2-32。

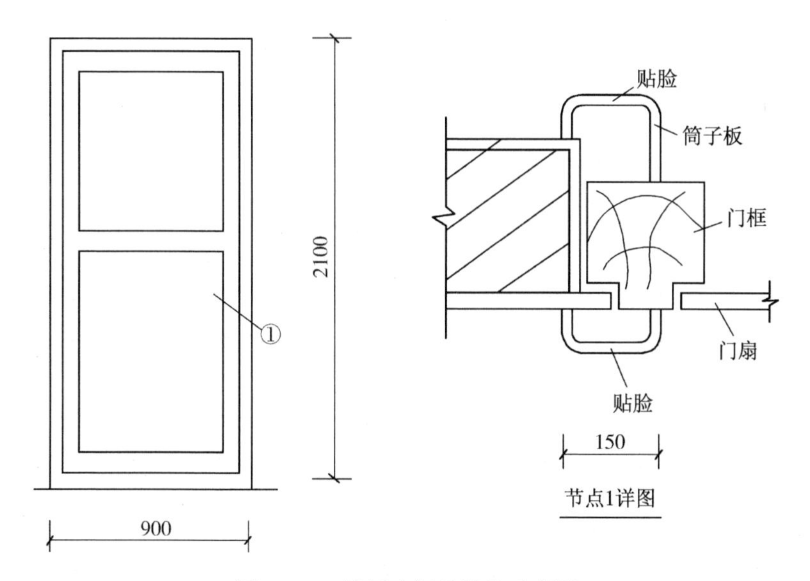

图 2-22　镶板木门及贴脸示意图

表 2-32　　清单工程量计算表

序号	项目编码	项目名称	项目特征描述	计量单位	工程量
1	010801001001	木质门	单扇，无亮，无纱，尺寸 900mm×2100mm	m^2	1.89
2	010808006001	门窗木贴脸	镶板木门双面钉贴脸宽 150mm	m	10.2

【例 2-23】 如图 2-23 所示，门连窗、带纱窗，45 樘。试求其工程量。

【解】 清单工程量：

门窗工程量=(0.9×2.5+0.9×1.6)×45=166.05(m^2)

【注释】0.9 为门的宽度，2.5 为门的高度，0.9 为窗的宽度，1.6 为窗的高度。

清单工程量计算见表 2-33。

表 2-33　　清单工程量计算表

项目编码	项目名称	项目特征描述	计量单位	工程量
010801003001	木质连窗门	带纱，门尺寸 900mm×2500mm，窗尺寸 900mm×1600mm	m^2	166.05

【例 2-24】 图 2-24 所示尺寸，试求窗台板的工程量。

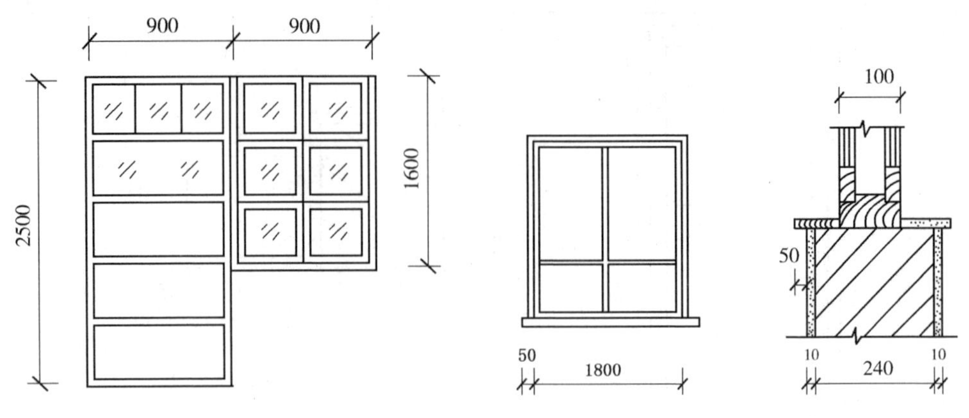

图 2-23　带纱扇门连窗示意图　　图 2-24　木窗台板示意图

【解】清单工程量：

工程量＝(1.8＋2×0.05)×[(0.24－0.1)/2＋0.01＋0.05]

＝0.25(m^2)

【注释】窗台板工程量，按设计图示长度乘以宽度的面积，以平方米计算，如设计未注明尺寸时，窗台板长度，按窗洞口的外围宽度，另加 100mm 计算；窗台板宽度按窗樘内侧平墙宽度，另加突出墙面宽度 50mm 计算。

清单工程量计算见表 2-34。

表 2-34　　清单工程量计算表

项目编码	项目名称	项目特征描述	计量单位	工程量
010809001001	木窗台板	木制窗台板	m^2	0.25

【例 2-25】如图 2-25 所示，试求双扇带亮单层玻璃木窗工程量。

【解】清单工程量：

工程量＝1.5×1.2＝1.8(m^2)

【注释】1.5 为双扇带亮单层玻璃木窗的高度，1.2 为双扇带亮单层玻璃木窗的宽度。

清单工程量计算见表 2-35。

表 2-35　　清单工程量计算表

项目编码	项目名称	项目特征描述	计量单位	工程量
010806001001	木质窗	木质平开窗单层玻璃，双扇带亮，尺寸 1200mm×1500mm	m^2	1.80

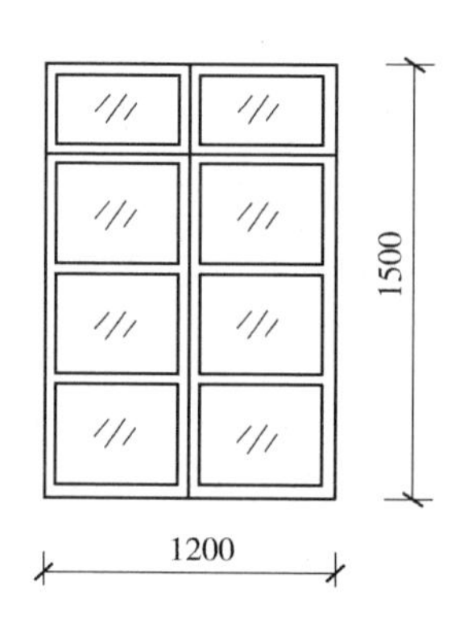

图 2-25 双扇带亮单层玻璃窗示意图

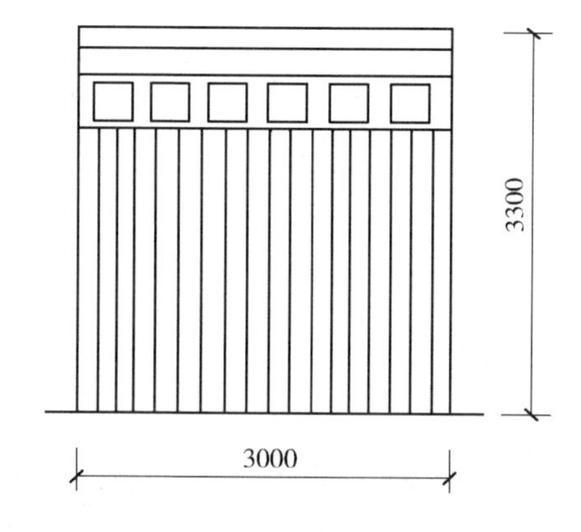

图 2-26 推拉式钢木大门示意图

【例 2-26】 某工程采用推拉式钢木大门 4 樘，二面板（防寒型），洞口尺寸为 3m×3.3m，如图 2-26 所示，刷底油一遍，调和漆两遍，试求钢木大门工程量。

【解】 清单工程量：

工程量=3×3.3×4=39.6(m²)

【注释】 3×3.3 为推拉式钢木大门的洞口尺寸宽×高，乘以 4 表示有 4 个洞口尺寸相同的推拉式钢木大门。

清单工程量计算见表 2-36。

表 2-36 **清单工程量计算表**

项目编码	项目名称	项目特征描述	计量单位	工程量
010804002001	钢木大门	推拉式，有框，单扇门，刷底油一遍，调和漆二遍。尺寸高 3300mm，宽 3000mm	m²	39.60

【例 2-27】 某框架式防火门如图 2-27 所示，洞口尺寸为 1.2m×2.1m，共有 3 樘，试计算其清单工程量。

【解】 清单工程量：

工程量=1.2×2.1×3=7.56(m²)

【注释】 1.2×2.1 为框架式防火门的洞口尺寸宽×高，乘以 3 表示有 3 个洞口尺寸相同的框架式防火门。

清单工程量计算见表 2-37。

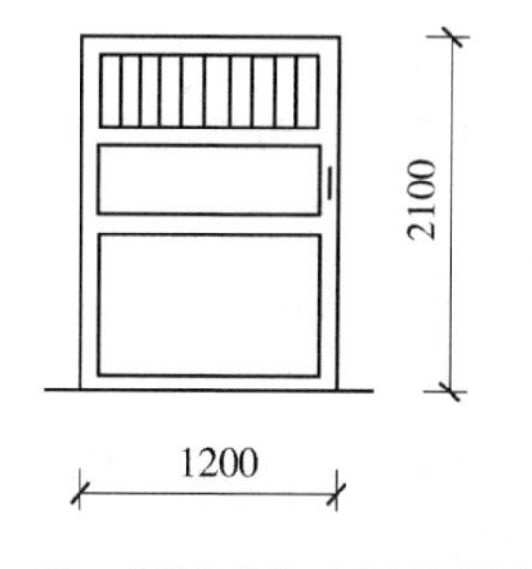

图 2-27 框架式防火门示意图

表 2-37　　清单工程量计算表

项目编码	项目名称	项目特征描述	计量单位	工程量
010804007001	特种门	防火门，推拉式，单扇门。尺寸宽 1200mm，高 2100mm	m^2	7.56

说明：清单工程量计量单位为樘/m^2，按设计图示数量或洞口尺寸以面积计算。

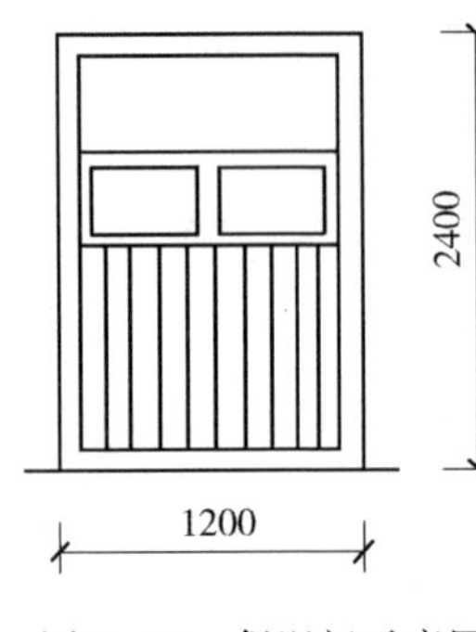

图 2-28　保温门示意图

【例 2-28】某保温门示意图如图 2-28 所示，洞口尺寸为 1.2m×2.4m，共有 8 樘，试求保温门工程量。

【解】清单工程量：

工程量=1.2×2.4×8=23.04(m^2)

【注释】保温门定额工程量按洞口面积计算，1.2×2.4 为保温门的洞口尺寸宽×高，8 表示有 8 个洞口尺寸相同的保温门故应乘以 8。

清单工程量计算见表 2-38。

表 2-38　　清单工程量计算表

项目编码	项目名称	项目特征描述	计量单位	工程量
010804007001	特种门	保温门，平开式，单扇门，保温层厚 150mm。尺寸宽 1200mm，高 2400mm	m^2	23.04

【例 2-29】一单层玻璃窗如图 2-29 所示，框料为 50mm×85mm，墙厚为 240mm。该窗上有窗帘盒，下有木窗台板，钉单面贴脸，中腰枋带有披水条，试求有关工程量。

【解】清单工程量：

(1) 窗按三扇无亮窗计算

1.5×2.35=3.53(m^2)

【注释】1.5 为三扇无亮窗的总宽，2.35 为三扇无亮窗的总高，1.5×2.35 为三扇无亮窗的总面积。

(2) 窗帘盒

1.5+0.3=1.8(m)

【注释】因窗帘盒未规定尺寸，按长度每边增加 15cm，即 1.5+0.3。

(3) 贴脸

(1.5+2.35)×2=7.7(m)

【注释】门窗贴脸清单工程量按设计图示尺寸以延长米计算，1.5×2.35 为贴脸的长×宽。

(4) 窗台板因未规定长度和宽度，按长度增加100mm，宽度增加50mm计算：

(1.5+0.1)×(0.24−0.085+0.05)=0.33(m^2)

【注释】窗台板未规定长、宽时，按长度增加100mm，即1.5+0.1，宽度增加50mm，即0.24−0.085+0.05，框料尺寸为50mm×85mm，即框料厚为0.085，墙厚为0.24，窗台板的宽为0.24−0.085，加0.05为按规定窗台板宽度应增加的长度。

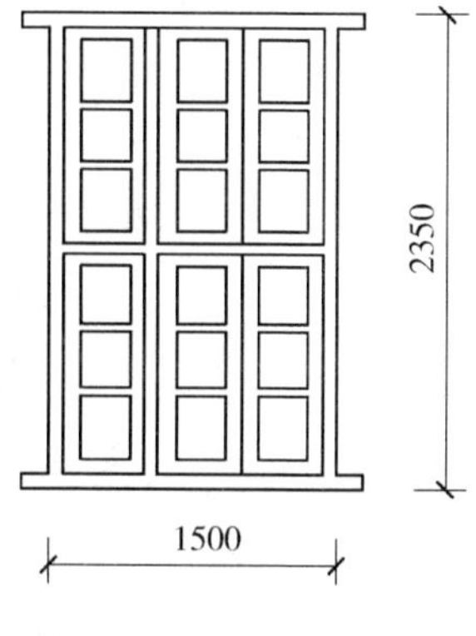

图2-29　单层玻璃窗

清单工程量计算见表2-39。

表2-39　清单工程量计算表

序号	项目编码	项目名称	项目特征描述	计量单位	工程量
1	010806001001	木质窗	尺寸1500mm×2300mm，框材50mm×85mm	m^2	3.53
2	010810002001	木窗帘盒	木制	m	1.80
3	010808006001	门窗木贴脸	单面贴脸，洞口尺寸1500mm×2350mm	m	7.7
4	010809001001	木窗台板	木制	m^2	0.33

第三章 楼地面装饰工程

一、楼地面装饰工程清单工程量计算规范

1. 整体面层及找平层

整体面层及找平层工程量清单项目设置及工程量计算规则应按表3-1的规定执行。

表3-1 **整体面层及找平层**（编码：011101）

项目编码	项目名称	项目特征	计量单位	工程量计算规则	工程内容
011101001	水泥砂浆楼地面	1. 找平层厚度、砂浆配合比 2. 素水泥浆遍数 3. 面层厚度、砂浆配合比 4. 面层做法要求	m^2	按设计图示尺寸以面积计算。扣除凸出地面构筑物、设备基础、室内铁道、地沟等所占面积，不扣除间壁墙及≤0.3m^2柱、垛、附墙烟囱及孔洞所占面积。门洞、空圈、暖气包槽、壁龛的开口部分不增加面积	1. 基层清理 2. 抹找平层 3. 抹面层 4. 材料运输
011101002	现浇水磨石楼地面	1. 找平层厚度、砂浆配合比 2. 面层厚度、水泥石子浆配合比 3. 嵌条材料种类、规格 4. 石子种类、规格、颜色 5. 颜料种类、颜色 6. 图案要求 7. 磨光、酸洗、打蜡要求			1. 基层清理 2. 抹找平层 3. 面层铺设 4. 嵌缝条安装 5. 磨光、酸洗打蜡 6. 材料运输
011101004	菱苦土楼地面	1. 找平层厚度、砂浆配合比 2. 面层厚度 3. 打蜡要求			1. 基层清理 2. 抹找平层 3. 面层铺设 4. 打蜡 5. 材料运输

2. 块料面层

块料面层工程量清单项目设置及工程量计算规则应按表 3-2 的规定执行。

表 3-2　　**块料面层**（编码：011102）

项目编码	项目名称	项目特征	计量单位	工程量计算规则	工程内容
011102001	石材楼地面	1. 找平层厚度、砂浆配合比 2. 结合层厚度、砂浆配合比 3. 面层材料品种、规格、颜色 4. 嵌缝材料种类 5. 防护层材料种类 6. 酸洗、打蜡要求	m^2	按设计图示尺寸以面积计算。门洞、空圈、暖气包槽、壁龛的开口部分并入相应的工程量内	1. 基层清理 2. 抹找平层 3. 面层铺设、磨边 4. 嵌缝 5. 刷防护材料 6. 酸洗、打蜡 7. 材料运输
011102003	块料楼地面				

3. 橡塑面层

橡塑面层工程量清单项目设置及工程量计算规则应按表 3-3 的规定执行。

表 3-3　　**橡塑面层**（编码：011103）

项目编码	项目名称	项目特征	计量单位	工程量计算规则	工程内容
011103002	橡胶板卷材楼地面	1. 粘结层厚度、材料种类 2. 面层材料品种、规格、颜色 3. 压线条种类	m^2	按设计图示尺寸以面积计算。门洞、空圈、暖气包槽、壁龛的开口部分并入相应的工程量内	1. 基层清理 2. 面层铺贴 3. 压缝条装钉 4. 材料运输
011103003	塑料板楼地面				
011103004	塑料卷材楼地面				

4. 其他材料面层

其他材料面层工程量清单项目设置及工程量计算规则应按表 3-4 的规定执行。

表 3-4　　**其他材料面层**（编码：011104）

项目编码	项目名称	项目特征	计量单位	工程量计算规则	工程内容
011104001	地毯楼地面	1. 面层材料品种、规格、颜色 2. 防护材料种类 3. 粘结材料种类 4. 压线条种类	m^2	按设计图示尺寸以面积计算。门洞、空圈、暖气包槽、壁龛的开口部分并入相应的工程量内	1. 基层清理 2. 铺贴面层 3. 刷防护材料 4. 装钉压条 5. 材料运输

续表

项目编码	项目名称	项目特征	计量单位	工程量计算规则	工程内容
011104002	竹、木（复合）地板	1. 龙骨材料种类、规格、铺设间距 2. 基层材料种类、规格 3. 面层材料品种、规格、颜色 4. 防护材料种类	m²	按设计图示尺寸以面积计算。门洞、空圈、暖气包槽、壁龛的开口部分并入相应的工程量内	1. 基层清理 2. 龙骨铺设 3. 基层铺设 4. 面层铺贴 5. 刷防护材料 6. 材料运输
011104004	防静电活动地板	1. 支架高度、材料种类 2. 面层材料品种、规格、颜色 3. 防护材料种类			1. 基层清理 2. 固定支架安装 3. 活动面层安装 4. 刷防护材料 5. 材料运输

5. 踢脚线

踢脚线工程量清单项目设置及工程量计算规则应按表 3-5 的规定执行。

表 3-5 **踢脚线**（编码：011105）

项目编码	项目名称	项目特征	计量单位	工程量计算规则	工程内容
011105001	水泥砂浆踢脚线	1. 踢脚线高度 2. 底层厚度、砂浆配合比 3. 面层厚度、砂浆配合比	1. m² 2. m	1. 以平方米计量，按设计图示长度乘高度以面积计算 2. 以米计量，按延长米计算	1. 基层清理 2. 底层和面层抹灰 3. 材料运输
011105002	石材踢脚线	1. 踢脚线高度 2. 粘贴层厚度、材料种类 3. 面层材料品种、规格、颜色 4. 防护材料种类			1. 基层清理 2. 底层抹灰 3. 面层铺贴、磨边 4. 擦缝 5. 磨光、酸洗、打蜡 6. 刷防护材料 7. 材料运输
011105003	块料踢脚线				
011105004	塑料板踢脚线	1. 踢脚线高度 2. 粘结层厚度、材料种类 3. 面层材料种类、规格、颜色	1. m² 2. m	1. 以平方米计量，按设计图示长度乘高度以面积计算 2. 以米计量，按延长米计算	1. 基层清理 2. 基层铺贴 3. 面层铺贴 4. 材料运输
011105005	木质踢脚线	1. 踢脚线高度 2. 基层材料种类、规格 3. 面层材料品种、规格、颜色			
011105006	金属踢脚线				
011105007	防静电踢脚线				

6. 楼梯面层

楼梯面层工程量清单项目设置及工程量计算规则应按表3-6的规定执行。

表3-6　　楼梯面层（编码：011106）

项目编码	项目名称	项目特征	计量单位	工程量计算规则	工程内容
011106001	石材楼梯面层	1. 找平层厚度、砂浆配合比 2. 粘结层厚度、材料种类 3. 面层材料品种、规格、颜色 4. 防滑条材料种类、规格 5. 勾缝材料种类 6. 防护层材料种类 7. 酸洗、打蜡要求	m^2	按设计图示尺寸以楼梯（包括踏步、休息平台及≤500mm的楼梯井）水平投影面积计算。楼梯与楼地面相连时，算至梯口梁内侧边沿；无梯口梁者，算至最上一层踏步边沿加300mm	1. 基层清理 2. 抹找平层 3. 面层铺贴、磨边 4. 贴嵌防滑条 5. 勾缝 6. 刷防护材料 7. 酸洗、打蜡 8. 材料运输
011106002	块料楼梯面层				
011106005	现浇水磨石楼梯面层	1. 找平层厚度、砂浆配合比 2. 面层厚度、水泥石子浆配合比 3. 防滑条材料种类、规格 4. 石子种类、规格、颜色 5. 颜料种类、颜色 6. 磨光、酸洗打蜡要求			1. 基层清理 2. 抹找平层 3. 抹面层 4. 贴嵌防滑条 5. 磨光、酸洗、打蜡 6. 材料运输
011106007	木板楼梯面层	1. 基层材料种类、规格 2. 面层材料品种、规格、颜色 3. 粘结材料种类 4. 防护材料种类			1. 基层清理 2. 基层铺贴 3. 面层铺贴 4. 刷防护材料 5. 材料运输

7. 台阶装饰

台阶装饰工程量清单项目设置及工程量计算规则应按表3-7的规定执行。

表 3-7　**台阶装饰**（编码：011107）

项目编码	项目名称	项目特征	计量单位	工程量计算规则	工程内容
011107004	水泥砂浆台阶面	1. 找平层厚度、砂浆配合比 2. 面层厚度、砂浆配合比 3. 防滑条材料种类	m^2	按设计图示尺寸以台阶（包括最上层踏步边沿加300mm）水平投影面积计算	1. 基层清理 2. 抹找平层 3. 抹面层 4. 抹防滑条 5. 材料运输
011107005	现浇水磨石台阶面	1. 找平层厚度、砂浆配合比 2. 面层厚度、水泥石子浆配合比 3. 防滑条材料种类、规格 4. 石子种类、规格、颜色 5. 颜料种类、颜色 6. 磨光、酸洗、打蜡要求			1. 清理基层 2. 抹找平层 3. 抹面层 4. 贴嵌防滑条 5. 打磨、酸洗、打蜡 6. 材料运输

8. 零星装饰项目

零星装饰项目工程量清单项目设置及工程量计算规则应按表 3-8 的规定执行。

表 3-8　**零星装饰项目**（编码：011108）

项目编码	项目名称	项目特征	计量单位	工程量计算规则	工程内容
011108002	拼碎石材零星项目	1. 工程部位 2. 找平层厚度、砂浆配合比 3. 贴结合层厚度、材料种类 4. 面层材料品种、规格、颜色 5. 勾缝材料种类 6. 防护材料种类 7. 酸洗、打蜡要求	m^2	按设计图示尺寸以面积计算	1. 清理基层 2. 抹找平层 3. 面层铺贴、磨边 4. 勾缝 5. 刷防护材料 6. 酸洗、打蜡 7. 材料运输
011108003	块料零星项目				
011108004	水泥砂浆零星项目	1. 工程部位 2. 找平层厚度、砂浆配合比 3. 面层厚度，砂浆厚度			1. 清理基层 2. 抹找平层 3. 抹面层 4. 材料运输

二、工程算量示例

【例3-1】如图3-1所示，求某办公室二层房间（不包括卫生间和楼梯间）及走廊地面整体面层工程量（做法：1∶2.5水泥砂浆面层厚25mm，素水泥浆一道；C20细石混凝土找平层厚40mm；水泥砂浆踢脚线高为150mm）。

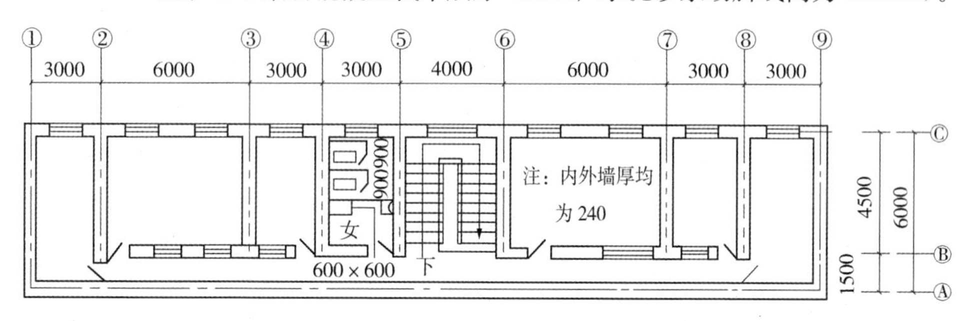

图3-1　某办公楼二层示意图

【解】清单工程量：

按轴线序号排列进行计算：

$$
\begin{aligned}
工程量 = & (3-0.12\times2)\times(6-0.12\times2)+ \\
& (6-0.12\times2)\times(4.5-0.12\times2)+ \\
& (3-0.12\times2)\times(4.5-0.12\times2)+ \\
& (6-0.12\times2)\times(4.5-0.12\times2)+ \\
& (3-0.12\times2)\times(4.5-0.12\times2)+ \\
& (3-0.12\times2)\times(6-0.12\times2)+ \\
& (6+3+3+4+6+3-0.12\times2)\times(1.5-0.12\times2) \\
= & 135.58(m^2)
\end{aligned}
$$

【注释】式中 $(3-0.12\times2)\times(6-0.12\times2)$ 为3.0开间的净面积，其中3为①、②墙中心轴线间的距离，0.12为墙中心线到内墙的距离，6.0m为Ⓒ墙和Ⓐ墙中心线间的距离，0.12仍为墙中心线到内墙的距离，$(6-0.12\times2)\times(4.5-0.12\times2)$ 为左边第二个房间的净面积，其中6为②墙和③墙中心轴线间的距离，4.5为Ⓒ墙和Ⓑ墙中心轴线间的距离，$(3-0.12\times2)\times(4.5-0.12\times2)$ 为3开间，进深4.5的房间的净面积，其中3.0为③墙和④墙中心轴线间的距离，$(6-0.12\times2)\times(4.5-0.12\times2)$ 为6开间，进深为4.5的房间的净面积，其中6为⑥墙和⑦墙中心轴线的距离，$(3-0.12\times2)\times(4.5-0.12\times2)$ 为楼梯右边3开间，进深4.5的房间的净面积，$(3-0.12\times2)\times(6-0.12\times2)$ 为最右边房间的净面积，3为⑧墙和⑨墙中心轴线间的距离，6 为Ⓒ墙和Ⓐ墙中心轴线的距离，(6＋3＋3＋4＋6＋3－0.12×2)×(1.5－0.12×2) 为走廊的净面积，走廊的净长为 (6＋3＋3＋4＋6＋3－0.12×2)，净宽为(1.5－0.12×2)。

清单工程量计算见表 3-9。

表 3-9　　**清单工程量计算表**

项目编码	项目名称	项目特征描述	计量单位	工程量
011101001001	水泥砂浆楼地面	1∶2.5 水泥砂浆面层 25mm，素水泥浆一道，C20 细石混凝土找平层厚 40mm	m^2	135.58

【例 3-2】 如图 3-1 所示，求某办公楼二层房间（不包括卫生间和楼梯间）及走廊水泥砂浆踢脚线工程量（做法：水泥砂浆踢脚线，踢脚线高为 150mm，门的截面尺寸为 900mm×2000mm，门框的厚度 60mm)。

【解】 清单工程量：

工程量＝[(3－0.12×2＋6－0.12×2)×2＋(6－0.12×2＋4.5－0.12×2)×2＋(3－0.12×2＋4.5－0.12×2)×2＋(6－0.12×2＋4.5－0.12×2)×2＋(3－0.12×2＋4.5－0.12×2)×2＋(3－0.12×2＋6－0.12×2)×2＋(6＋3＋3＋4＋6＋3－0.12×2＋1.5－0.12×2)×2－4＋0.24]－13×0.9＋13×(0.24－0.06)

＝141.16(m)

【注释】 (3－0.12×2＋6－0.12×2)×2 为最左边房间（①墙和②墙之间）的内墙周长，其中 3 为①墙和②墙中心轴线间的距离，6 为Ⓐ墙和Ⓒ墙中心轴线间的距离，0.12 为墙中心轴线到内墙的距离，(6－0.12×2＋4.5－0.12×2)×2 为②墙、③墙、Ⓒ墙和Ⓑ墙围成的房间的内墙的周长，其中 6 为②墙和③墙中心轴线间的距离，4.5 为Ⓑ墙和Ⓒ墙中心轴线间的距离，(3－0.12×2＋4.5－0.12×2)×2 为卫生间左边房间的内墙周长，(6－0.12×2＋4.5－0.12×2)×2 为楼梯间右边房间的内墙周长，(3－0.12×2＋4.5－0.12×2)×2 为右边第二个房间的内墙周长，(3－0.12×2＋6－0.12×2)×2 为最右边房间内墙的周长，(6＋3＋3＋4＋6＋3－0.12×2＋1.5－0.12×2)×2－4＋0.24 为走廊的周长，13×0.9 为门洞的总长，13×(0.24－0.06) 为门洞的侧面总长，0.06 为门框的厚度。

清单工程量计算见表 3-10。

表 3-10　　**清单工程量计算表**

项目编码	项目名称	项目特征描述	计量单位	工程量
011105001001	水泥砂浆踢脚线	踢脚线高 150mm，找平层厚 40mm，面层 25mm 为 1∶2.5 水泥砂浆	m	141.16

【例 3-3】如图 3-2 所示，求某工具室地面菱苦土整体面层工程量（做菱苦土面层 25mm，毛石灌 M2.5 混合砂浆厚 100mm，素土夯实）。

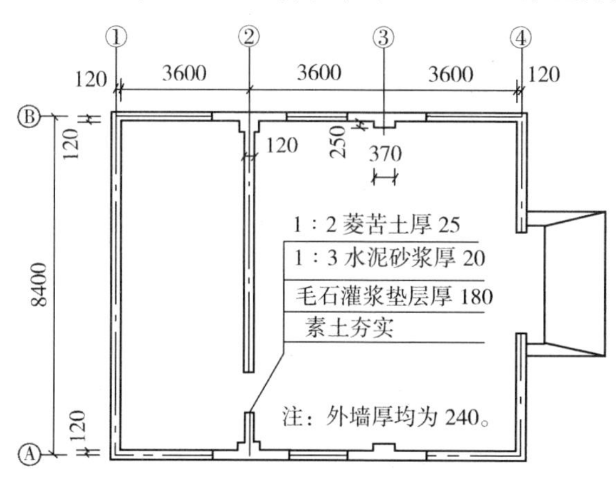

图 3-2 某工具室平面示意图

【解】清单工程量：

工程量＝(8.4－0.12×2)×(3.6×3－0.12×2－0.12)＝85.19(m^2)

【注释】整体面层按主墙间净空面积以平方米计算，8.4 为 A、B 墙中心轴线间的距离，3.6×3 为①墙和④墙中心轴线间的距离，0.12 为墙中心轴线到内墙的距离。

清单工程量计算见表 3-11。

表 3-11 清单工程量计算表

项目编码	项目名称	项目特征描述	计量单位	工程量
011101004001	菱苦土楼地面	毛石灌浆垫层厚 180mm，1：3水泥砂浆厚 20mm，菱苦土面层 25mm	m^2	85.19

【例 3-4】如图 3-3 所示，求某化验室现浇水磨石面层工程量（做法：水磨石地面面层，玻璃嵌条，白水泥砂浆 1：2.5，素水泥浆一道，C10 混凝土垫层厚 60mm，素土夯实）。

【解】清单工程量：

工程量＝(5－0.12×2)×(4.2－0.12×2)＋
(5－0.12×2)×(4.8－0.12×2)
＝40.56(m^2)

【注释】化验室（1）的净面积＝(5－0.12×2)×(4.2－0.12×2)，其中 5 为 Ⓐ、Ⓑ 墙中心线间的距离，4.2 为①号墙和②号墙中线轴线间的距离，0.12 为墙

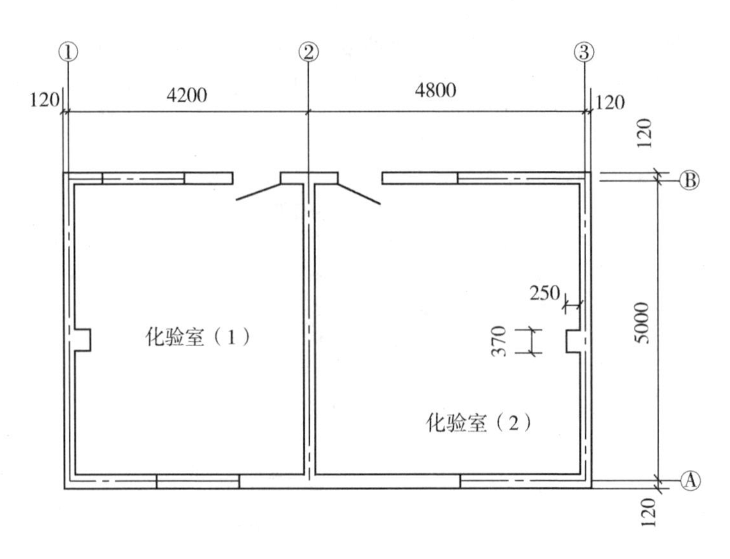

图 3-3　某化验室水磨石地面示意图

中心轴线到内墙的宽度，化验室（2）的净面积＝(5－0.12×2)×(4.8－0.12×2)，其中 4.8 为 2 号墙和③号墙中心轴线间的距离。

清单工程量计算见表 3-12。

表 3-12　清单工程量计算表

项目编码	项目名称	项目特征描述	计量单位	工程量
011101002001	现浇水磨石楼地面	C10 混凝土垫层厚 60mm，白水泥浆 1∶2.5，素水泥浆一道，水磨石地面面层，玻璃嵌条	m^2	40.56

【例 3-5】 如图 3-4 所示，求某办公楼四层楼梯水磨石面层工程量（C10 混凝土垫层，梯梁宽 300mm）。

【解】 清单工程量：

根据图 3-4 可以得出，底层平面踏步比标准层踏步多 4 步。

工程量＝(13－9)×0.3×1.6＝1.92(m^2)

【注释】式中 0.3m 为踏步的宽度，1.6m 为踏步的长度。

楼梯面层工程量＝(3.6－0.12×2)×(2.7＋1.58＋0.3)×3＋1.92

＝48.09(m^2)

【注释】式中 3.6 为楼梯间左右面墙体中心轴线间的距离，0.12 为中心轴线到墙的距离，(2.7＋1.58＋0.3) 楼梯长度，层数为 3，加上底层平面踏步的工程量即为楼梯面层的工程量。

清单工程量计算见表 3-13。

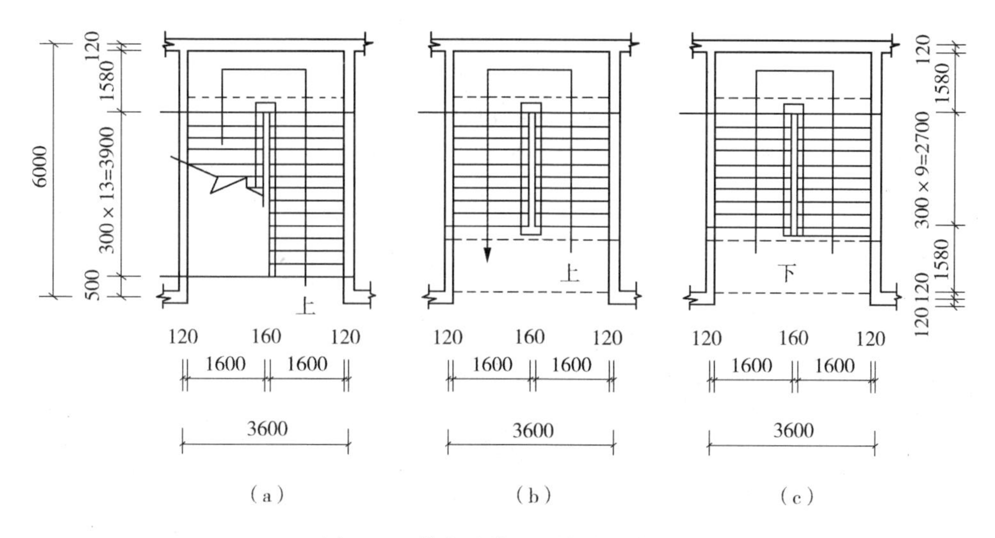

图 3-4 某办公楼四层楼梯示意图

(a) 底层平面；(b) 二层平面；(c) 顶层平面

表 3-13 **清单工程量计算表**

项目编码	项目名称	项目特征描述	计量单位	工程量
011106005001	现浇水磨石楼梯面层	C10 混凝土垫层，水磨石面层	m^2	48.09

【例 3-6】 如图 3-5 和图 3-6 所示，求台阶面层工程量（做法：1∶2.5 水泥砂浆厚 20mm、素水泥一道）。

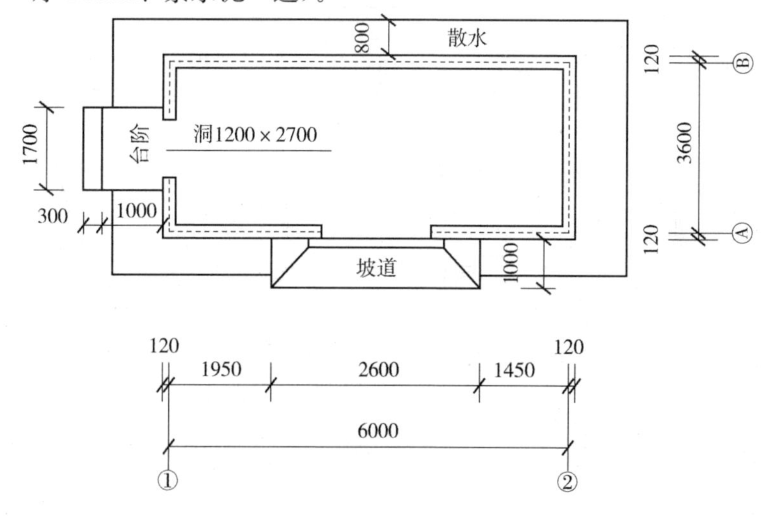

图 3-5 台阶、坡道、散水平面示意图

（注：外墙厚 240mm。）

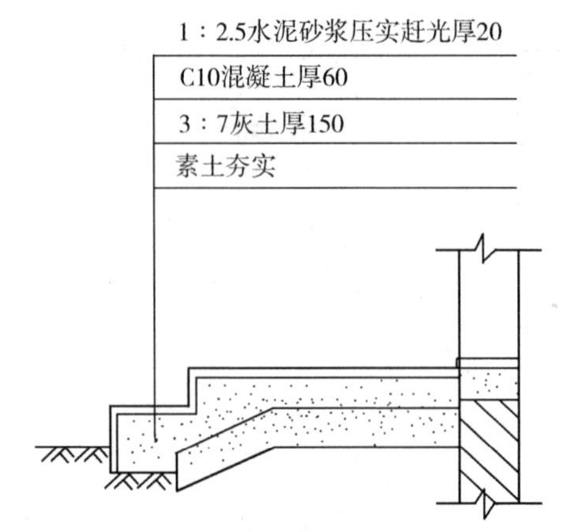

图 3-6　某混凝土台阶示意图

【解】清单工程量：

工程量＝1.7×(0.3＋0.3)＝1.02(m^2)

【注释】按水平投影面积计算，台阶算至最上一步再加 300，台阶工程量＝踏步的长度×投影的宽度，其中 1.7 为踏步的长度，0.3 为踏步的宽度。

清单工程量计算见表 3-14。

表 3-14　　清单工程量计算表

项目编码	项目名称	项目特征描述	计量单位	工程量
011107004001	水泥砂浆台阶面	1∶2.5 水泥砂浆厚 20mm，素水泥一道	m^2	1.02

【例 3-7】如图 3-7 所示，求某建筑大理石楼梯面层工程量。

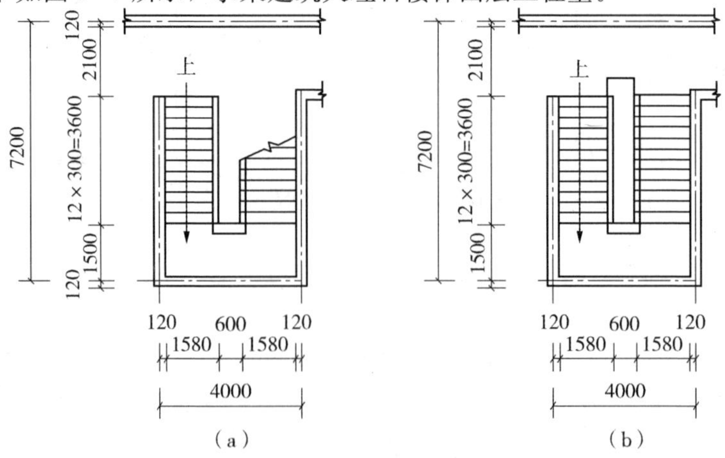

图 3-7　某调度楼四层建筑示意图（一）

(a) 底层平面；(b) 二层平面

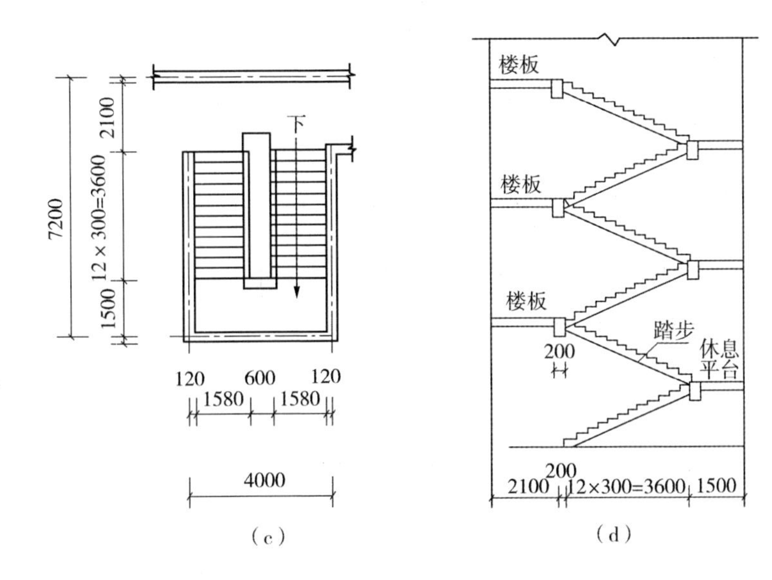

(c)　　　　(d)

图 3-7　某调度楼四层建筑示意图（二）

(c) 顶层平面；(d) 剖面图

【解】 清单工程量：

按水平投影面积计算：

楼梯净长＝1.5－0.12＋12(步)×0.3＋0.2(梁宽)＝5.18(m)

【注释】 式中（1.5－0.12）为楼梯平台长度，0.3 为踏步的宽度。

楼梯净宽＝4－0.12×2＝3.76(m)

楼梯井＝3.6×0.6＝2.16(m^2)

楼梯层数＝4－1＝3(层)

工程量＝(5.18×3.76－2.16)×3＝51.95(m^2)

清单工程量计算见表 3-15。

表 3-15　　清单工程量计算表

项目编码	项目名称	项目特征描述	计量单位	工程量
011106002001	块料楼梯面层	建筑大理石楼梯面层	m^2	51.95

【例 3-8】 如图 3-8 所示，求某办公楼卫生间地面镶贴马赛克面层工程量。

【解】 清单工程量：

(3－0.12×2)×(4.5－0.12×2)－1.2×1.8－0.6×0.6＋0.9×0.12＝9.35(m^2)

【注释】 按图示尺寸实铺面积以“m^2”计算，门洞、空圈，散热器槽的工程量应并入相应的面层内计算，卫生间的净面积＝(3－0.12×2)×(4.5－0.12×2)，其中 3 为前后墙体中心轴线的距离，4.5 为左右墙体中心轴线的距离，0.12 为墙中心轴线到墙的距离，1.2×1.8 为墩台的面积，

1.2 为墩台的宽度，1.8=0.9×2 为墩台的总长度，0.6×0.6 为拖布池的水平投影面积，0.9×0.12 为门洞所占的面积，其中 0.9 为门洞的宽度，0.12 为门洞贴马赛克的宽度。

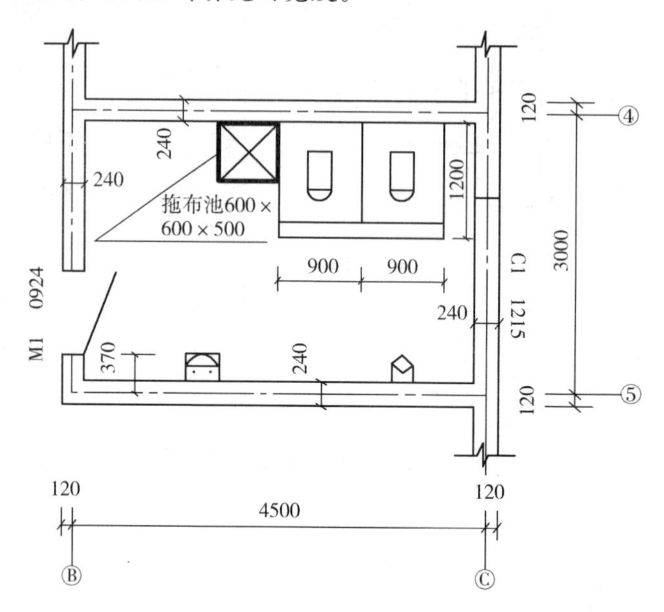

图 3-8 卫生间示意图

清单工程量计算见表 3-16。

表 3-16 **清单工程量计算表**

项目编码	项目名称	项目特征描述	计量单位	工程量
011102003001	块料楼地面	卫生间地面镶贴马赛克面层	m^2	9.35

【例 3-9】 如图 3-9 所示，求某微机室、仪表室地面铺企口木地板工程量（做法：铺在楞木上，大楞木 50mm×60mm，中距=500mm，小楞木 50mm×50mm，中距=1000mm）。

【解】 清单工程量：

工程量=(6−0.12−0.06)×(5−0.12×2)+
(4.2−0.12−0.06)×(3.5−0.12−0.06)+
(4.2−0.12−0.06)×(1.5−0.12−0.06)+
0.9×0.12×2+0.9×0.12×2
=46.79(m^2)

【注释】微机室的净面积=(6−0.12−0.06)×(5−0.12×2)，其中 6 为①②墙中心轴线间的距离，5 为 A、B 墙中心轴线间的距离，0.12 为 240mm 墙中心轴

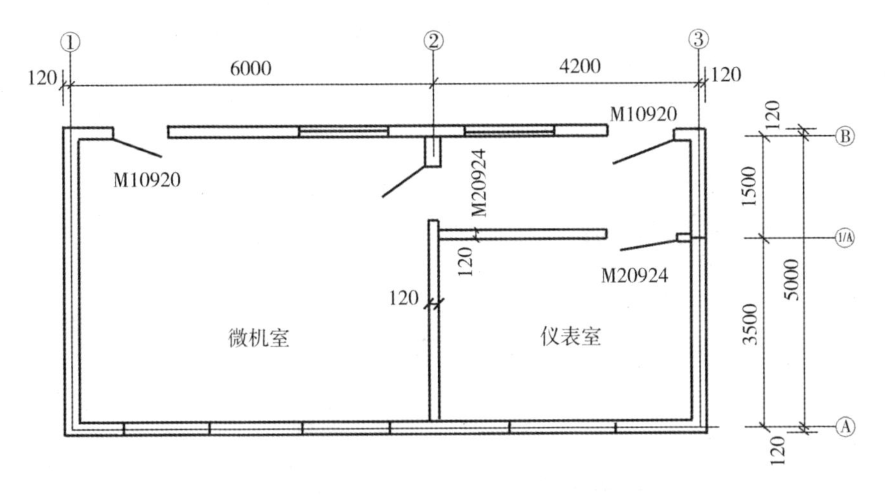

图 3 - 9　微机室、仪表室平面示意图

线到墙的距离，0.06 为 120mm 墙中心轴线到墙的距离，仪表室的净面积=(4.2—0.12—0.06)×(3.5—0.12—0.06)，其中 4.2 为②③墙中心轴线的距离，3.5 为轴线 A 到轴线 1/A 轴线间的距离，0.06 为仪表室中 120mm 墙的中心轴线到墙的距离，与室外相接的门的工程量=0.9×0.12×2，其中 0.9 为门的长度，0.12 为门洞口需要铺木地板的宽度，有两个这样的门，乘以 2，房间内门的工程量=0.9×0.12×2，0.9 为门的长度，0.12 为门侧面的宽度，即整个墙侧均要铺，室内门也有两个。

清单工程量计算见表 3 - 17。

表 3 - 17　　　　清单工程量计算表

项目编码	项目名称	项目特征描述	计量单位	工程量
011104002001	竹木（复合）地板	地面铺企口木地板	m^2	46.79

【例 3 - 10】 如图 3 - 9 所示，求某微机室和仪表间木踢脚板工程量（已知：木踢脚板高为 150mm）。

【解】 清单工程量：

工程量=[(6—0.12—0.06+5—0.12×2)×2

+(4.2—0.12—0.06+1.5—0.12—0.06)×2

+(4.2—0.12—0.06+3.5—0.12—0.06)×2\]—6×0.9

+4×(0.24—0.06)/2+4×(0.12—0.06)

=41.72(m)

工程量=41.72×0.15=6.26(m^2)

清单工程量计算见表 3 - 18。

表 3-18　　清单工程量计算表

项目编码	项目名称	项目特征描述	计量单位	工程量
011105005001	木质踢脚线	木踢脚板，高 150mm	m^2	6.26

【例 3-11】 如图 3-10 所示，地面为不嵌条水磨石面层，踢脚线为 150mm 高的预制水磨石，门的截面尺寸为 900mm×2000mm 请计算各项工程量。

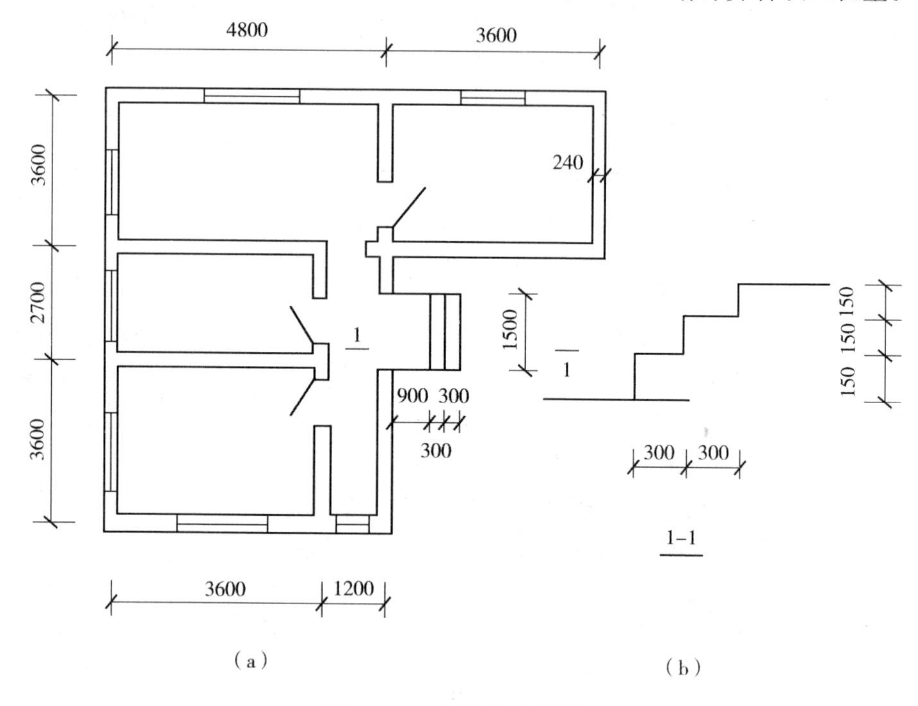

图 3-10　房屋平面示意图

(a) 平面图；(b) 1—1 剖面图

【解】 清单工程量：

(1) 水磨石地面工程量

(3.6−0.24)×(3.6−0.24)×2+(3.6−0.24)×(2.7−0.24)+(3.6−0.24)×(4.8−0.24)+(6.3−0.24)×(1.2−0.24)

=51.98(m^2)

【注释】 水磨石地面的工程量即为各房间和走廊净面积之和，式中 6.3=(2.7+3.6)。

(2) 踢脚线工程量

[(3.6−0.24+4.8−0.24)×2+(3.6−0.24+3.6−0.24)×2×2+(3.6−0.24+2.7−0.24)×2+(1.2−0.24+6.3−0.24)×2−8×0.9−1.5+2×6×(0.24−0.06) +2×2×0.24]×0.15

=9.42(m^2)

【注释】式中(3.6－0.24＋4.8－0.24)×2 为左上角的房间内墙的周长，其中 3.6 为前后墙中心轴线间的距离，4.8 为左右墙中心轴线间的距离，0.24 为墙体厚度，(3.6－0.24＋3.6－0.24)×2×2 为左下角房间和右上角房间的周长之和，房间前后墙、左右墙中心轴线间的长度均为 3.6，中心轴线间距去掉墙厚即为净长和净宽，这两个房间的尺寸相同，故乘以 2，(3.6－0.24＋2.7－0.24)×2 为中间房间内墙的周长，其中 3.6 为进深，(1.2－0.24＋6.3－0.24)×2 为走廊的周长，其中 1.2 为走廊的宽度，3.6 为走廊的长度，8×0.9 为门洞总长，2×6×(0.24－0.06) 为门洞两侧总长。

(3) 台阶面层工程量

$$1.5\times(0.3+0.3+0.3)=1.35(\mathrm{m}^2)$$

【注释】式中 1.5 为台阶的长度，0.3 为台阶的宽度，台阶有三阶(台阶算至最上一步再加 300，相当于共 3 阶台阶)。

清单工程量计算见表 3-19。

表 3-19　　清单工程量计算表

序号	项目编码	项目名称	项目特征描述	计量单位	工程量
1	011101002001	现浇水磨石楼地面	不嵌条水磨石面层	m^2	51.98
2	011105003001	块料踢脚线	预制水磨石踢脚线，高 150mm	m^2	9.42
3	011107005001	现浇水磨石台阶面	现浇水磨石台阶面层	m^2	1.35

【例 3-12】 如图 3-11 所示，室内面层为大理石，踢脚线也为大理石踢脚线，踢脚线高 150mm，计算室内面层工程量。

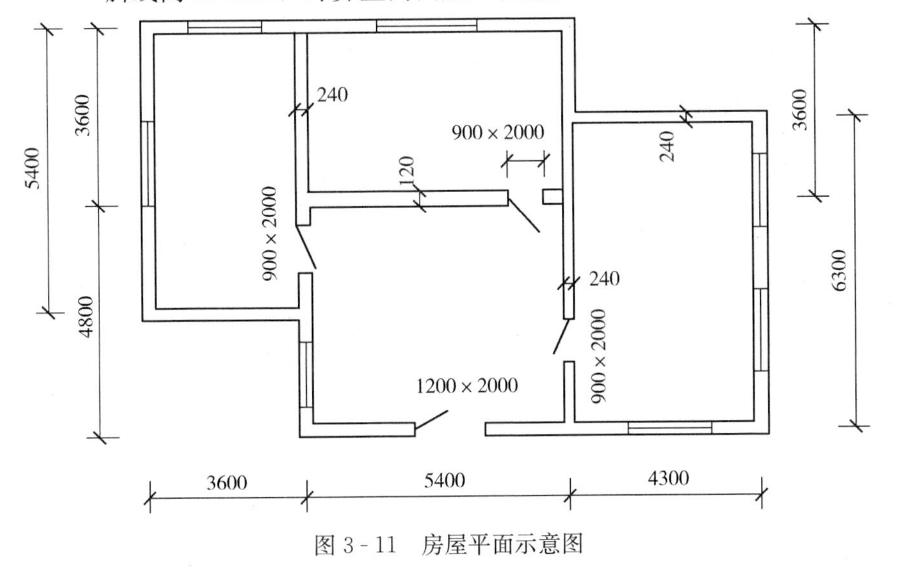

图 3-11　房屋平面示意图

【解】(1) 面层工程量计算

工程量=(5.4−0.24)×(3.6−0.24)+(5.4−0.24)×(3.6−0.12−0.06)+(4.8−0.12−0.06)×(5.4−0.24)+(4.3−0.24)×(6.3−0.24)+(0.9×0.24)×2+(0.9×0.12)+1.2×0.12(门洞)

=84.11(m^2)

【注释】式中(5.4−0.24)×(3.6−0.24)为最左端房间的净面积，其中5.4、3.6为墙中心轴线间的距离，0.24为墙厚，(5.4−0.24)×(3.6−0.12−0.06)为中间上部房间的净面积，式中5.4、3.6为墙中心轴线间的距离，注意这个房间左右墙厚为240，前后墙厚为120，式中0.12为前面的墙中心轴线到内墙的距离，0.06为120墙中心轴线到内墙的距离，(4.8−0.12−0.06)×(5.4−0.24)为中间下方的房间的净面积，其中4.8、5.4为墙的中心轴线间的距离，0.12为240墙中心轴线到墙的距离，0.06为120墙中心轴线到墙的距离，(4.3−0.24)×(6.3−0.24)为最右端房间的净面积，其中4.3、6.3为墙中心轴线间的距离，(0.9×0.24)×2为尺寸为900×2000的两个门所占的面积，其中0.9为门宽，0.24为墙厚(即门侧面的宽度)，(0.9×0.12)为120墙的门所占的面积，1.2×0.12为门洞所占的面积，其中1.2为门洞宽，0.12为墙中心轴线到内墙的距离。

(2) 踢脚线工程量计算

工程量=(5.4−0.24+3.6−0.24)×2+(3.6−0.12−0.06+5.4−0.24)×2+(5.4−0.24+4.8−0.12−0.06)×2+(4.3−0.24+6.3−0.24)×2−0.9×2×3−1.2+(0.24−0.06)×4+(0.12−0.06)×2+(0.24−0.06)/2×2=68.42(m)

清单工程量计算见表3-20。

表3-20 清单工程量计算表

序号	项目编码	项目名称	项目特征描述	计量单位	工程量
1	011102001001	石材楼地面	大理石面层	m^2	84.11
2	011105002001	石材踢脚线	大理石踢脚线，高150mm	m	68.42

【例3-13】如图3-12所示，一水槽面层为镶贴马赛克，试计算其工程量。

【解】工程量=(3+0.66)×2×0.26(外围)+(3−0.06+0.66−0.06)×2×0.06(边沿)+(3−0.36)×0.3(底)+$\sqrt{0.12^2+0.2^2}$×(3−0.24+0.3+0.12)×2(斜面)

=1.9+0.43+0.79+1.48

=4.60(m^2)

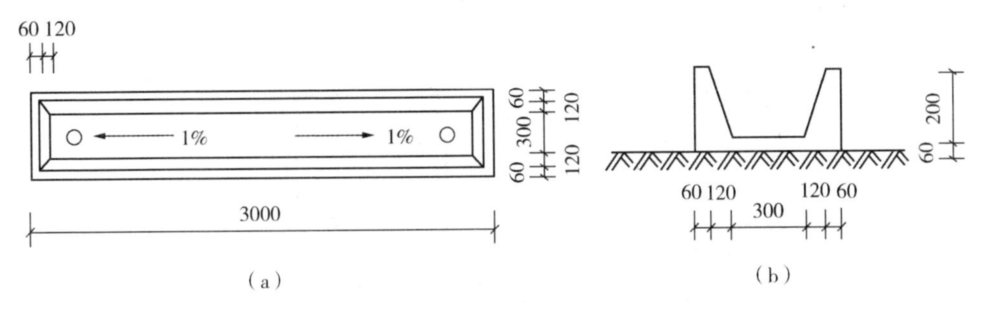

图 3-12　水槽平、立面图
(a) 平面图；(b) 立面图

【注释】水槽外围的面积＝(3＋0.66)×2×0.26，其中 3 为水槽的长度，0.66＝0.3＋0.12×2＋0.06×2 为水槽的宽度，(3＋0.66)×2 为水槽外围的周长，0.26＝0.2＋0.06 为水槽的高度，水槽边沿的面积＝(3－0.06＋0.66－0.06)×2×0.06，式中 0.06 为槽边沿的宽度，(3－0.06＋0.66－0.06)×2 为槽边沿中心线的总长度，槽底的面积＝(3－0.36)×0.3，其中 0.36＝(0.06＋0.12)×2，0.3 为底面的宽度，水槽斜面的面积＝$\sqrt{0.12^2+0.2^2}$×(3－0.24＋0.3＋0.12)×2，其中$\sqrt{0.12^2+0.2^2}$为立面图中由勾股定理求得的斜边的长度，水平面图中斜面中心线的长度为(3－0.24＋0.3＋0.12)×2，其中 0.24＝0.06×2＋0.12，乘以 2 表示两边多余的总长度，0.12＝(0.12＋0.12)/2 是槽右侧斜面中心线长度，斜面有 2 个，因此乘以 2。

清单工程量计算见表 3-21。

表 3-21　清单工程量计算表

项目编码	项目名称	项目特征描述	计量单位	工程量
011108003001	块料零星项目	水槽面层镶贴马赛克	m^2	4.60

【例 3-14】如图 3-13 所示，地面面层为橡胶板，计算其工程量。

【解】清单工程量：

工程量＝室内地面面积＋门洞面积－柱所占面积

(1) 室内地面面积＝(14.4－0.24)×(3.6－0.12－0.06)＋(3.6－0.12－0.06)×(3.6－0.12－0.06)×2＋(3.6－0.12)×(3.6－0.12－0.06)×2
＝48.43＋23.39＋23.80
＝95.62(m^2)

【注释】式中 (14.4－0.24)×(3.6－0.12－0.06) 为大厅的净面积，其中 14.4 为

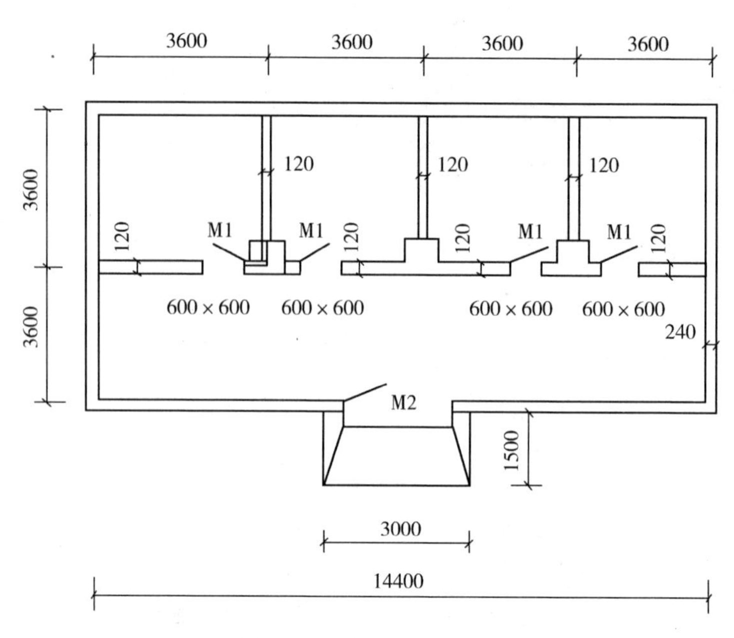

图 3-13　房屋平面示意图

（注：M1 尺寸 1200×2100，M2 尺寸 2400×3000。）

大厅左右墙面中心轴线间的长度，3.6 为大厅墙厚墙面中心轴线间的长度，0.24 为 240 墙厚度，0.12 为 240 墙中心轴线到墙的距离，0.06 为 120 墙中心轴线到墙的距离，(3.6－0.12－0.06)×(3.6－0.12－0.06)×2 为两侧房间的净面积和，房间为 3.6 开间，3.6 进深，两面 240 墙，两面 120 墙，(3.6－0.12)×(3.6－0.12－0.06)×2 为中间两个房间的净面积和，两个房间均只有一堵墙为 240 墙，三堵为 120 墙。

(2) 门洞面积＝1.2×0.12×4＋2.4×0.12＝0.864(m^2)

【注释】M1 门洞的宽度为 1.2，两侧墙厚为 0.12，数量为 4，M2 门洞的宽度为 2.4，半墙厚 120，数量为 1。

(3) 柱所占面积＝(0.6－0.12)×(0.6－0.12)×3＝0.23×3＝0.69(m^2)

【注释】柱子的截面面积为 0.6×0.6，0.12 为墙厚。

工程量＝95.62＋0.864－0.69＝95.79(m^2)

清单工程量计算见表 3-22。

表 3-22　　清单工程量计算表

项目编码	项目名称	项目特征描述	计量单位	工程量
011103002001	橡胶卷材楼地面	橡胶板面层	m^2	95.79

【例 3-15】如图 3-14 所示，地面面层为塑料平口板面层，试计算其工程量。

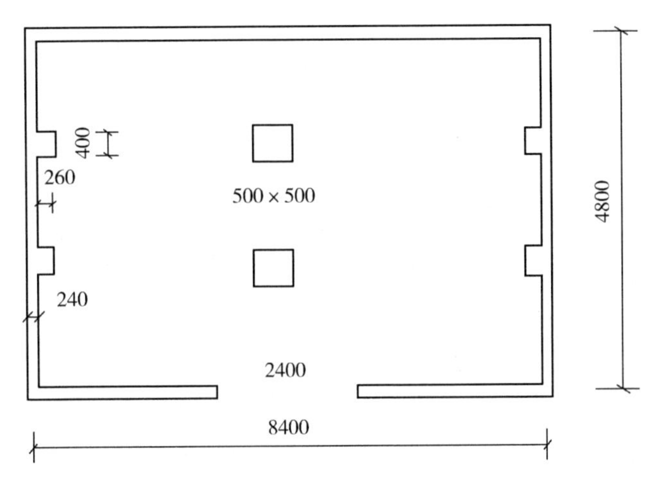

图 3-14　房屋平面示意图

【解】清单工程量：

工程量=室内地面面积+门洞面积−柱所占面积−墙垛所占面积

(1) 室内地面面积=(8.4−0.24)×(4.8−0.24)=37.21(m^2)

(2) 门洞面积=2.4×0.12=0.288(m^2)

(3) 柱所占面积=0.5×0.5×2=0.5(m^2)

(4) 墙垛所占面积=0.26×0.4×4=0.416(m^2)

工程量=37.21+0.288−0.5−0.416=36.58(m^2)

清单工程量计算见表 3-23。

表 3-23　　清单工程量计算表

项目编码	项目名称	项目特征描述	计量单位	工程量
011103003001	塑料板楼地面	塑料板地面面层	m^2	36.58

【例 3-16】 如图 3-15 所示，房屋地面为不固定的羊毛地毯，求其工程量。

【解】清单工程量：

工程量=室内地面面积+门洞面积

(1) 室内地面面积=(4.2−0.12−0.06)×(4.8−0.24)×2+

(4.2−0.12)×(4.8−0.24)×2+

(4.2+2.1−0.24)×(6.3−0.24)+

(2.1−0.24)×10.5

=36.66+37.21+36.72+19.53

=130.12(m^2)

【注释】*左右两端的房间的净面积*=(4.2−0.12−0.06)×(4.8−0.24)×2，*其中*

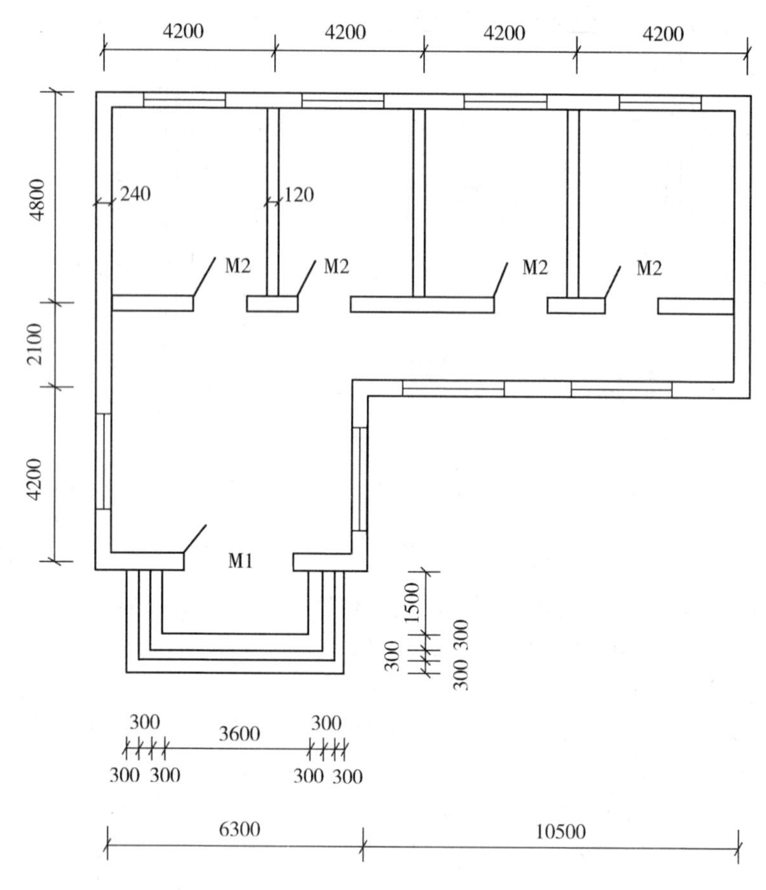

图 3-15 房屋平面示意图

(注：M1 尺寸 2700×3000，M2 尺寸 1800×2400。)

4.2 为开间，4.8 为进深，0.12 为 240 墙中心轴线到墙的距离，0.06 为 120 墙中心轴线到墙的距离，0.24 为墙厚，(4.2－0.12)×(4.8－0.24)×2 为中间两间房间的净面积，这两个房间尺寸相同并且都是两堵墙为 120 墙，两堵墙为 240 墙。(4.2＋2.1－0.24)×(6.3－0.24)＋(2.1－0.24)×10.5 为大厅的总面积，将大厅面积进行分割后求解。

(2) 门洞面积＝(2.7×0.12)＋(1.8×0.24)×4＝2.052(m^2)

【注释】式中 2.7 为 M1 门的宽度，0.12 是半墙厚，1.8 为 M2 的宽度，0.24 为与之相接的墙厚，数量为 4。

工程量＝130.12＋2.052＝132.17(m^2)

清单工程量计算见表 3-24。

表 3-24　　清单工程量计算表

项目编码	项目名称	项目特征描述	计量单位	工程量
011104001001	地毯楼地面	不固定的羊毛地毯面层	m^2	132.17

【例 3-17】 如图 3-16 所示，地面面层为木质防静电活动地板，求其工程量（内外墙均厚 240mm）。

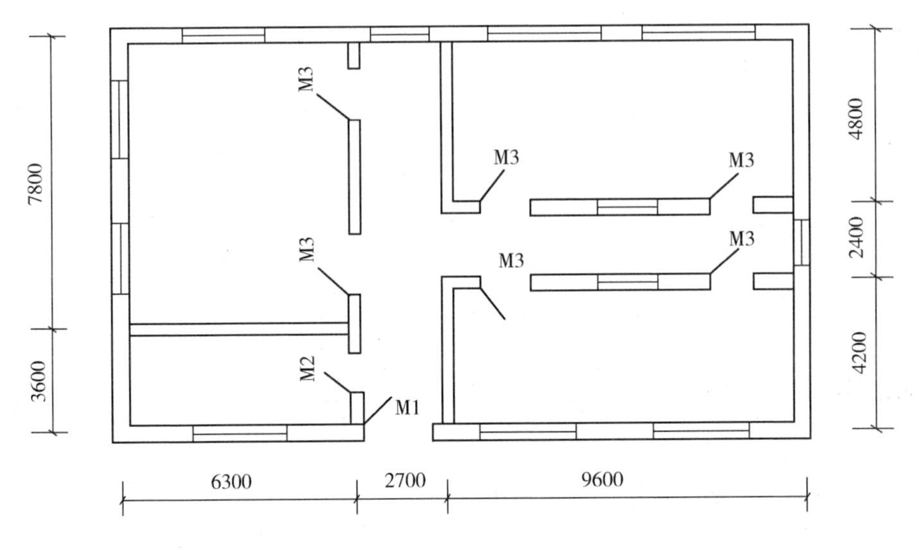

图 3-16　房屋平面示意图

（注：M1 尺寸 2400×3000，M2 尺寸 1200×2400，M3 尺寸 1800×2700。）

【解】 清单工程量：

工程量＝室内地面面积＋门洞面积

(1) 室内地面面积＝(7.8－0.24)×(6.3－0.24)＋
(6.3－0.24)×(3.6－0.24)＋
(4.8－0.24)×(9.6－0.24)＋
(4.2－0.24)×(9.6－0.24)＋
(2.7－0.24)×(11.4－0.24)＋
(2.4－0.24)×9.6
＝45.81＋20.36＋42.68＋37.07＋27.45＋20.74
＝194.11(m^2)

【注释】式中 (7.8－0.24)×(6.3－0.24) 为左上边房间的净面积，其中 7.8 为开间，6.3 为进深，0.24 为墙厚，(6.3－0.24)×(3.6－0.24)为左下边房间的净面积，其中 6.3 为进深，3.6 为开间，(4.8－0.24)×(9.6－0.24) 为右上边房间的净面积，其中 4.8 为进深，9.6 为开间，(4.2－

0.24)×(9.6－0.24) 为右下边房价的净面积，其中 4.2 为进深，9.6 为开间，纵向走廊的净面积为 (2.7－0.24)×(11.4－0.24)，其中 2.7 为纵向走廊两边墙中心轴线间的距离，11.4＝3.6＋7.8 为纵向走廊的长度，横向走廊的净面积为 (2.4－0.24)×9.6，其中 2.4 为横向走廊两边墙中心轴线间的距离，9.6 为横向走廊的长度。

(2) 门洞面积＝(2.4×0.12)＋(1.2×0.24)＋(1.8×0.24)×6

＝3.17(m^2)

工程量＝194.11＋3.17＝197.28(m^2)

【注释】M1 的面积为 (2.4×0.12)，其中 2.4 为 M1 门宽，0.12 为铺设的宽度，M2 的面积为 (1.2×0.24)，其中 1.2 为 M2 宽度，(1.8×0.24)×6 为 M3 的面积，其中 1.8 为 M3 的面积，6 为 M3 的数量。

清单工程量计算见表 3-25。

表 3-25　　清单工程量计算表

项目编码	项目名称	项目特征描述	计量单位	工程量
011104004001	防静电活动地板	地面面层为木质防静电活动地板	m^2	197.28

【例 3-18】 如图 3-17 所示，楼梯面层为铺在 1∶2.5 水泥砂浆上的大理石，计算其面层的工程量（墙厚均为 240mm）。

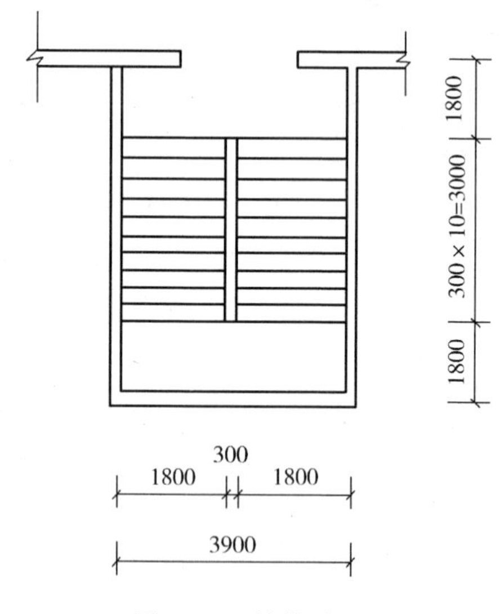

图 3-17　楼梯平面图

【解】 清单工程量：

工程量＝(3.9－0.24)×(1.8－0.12＋3＋0.3)＝18.23(m^2)

因为楼梯井宽度 300mm<500mm，不予扣除。

清单工程量计算见表 3-26。

表 3-26　　清单工程量计算表

项目编码	项目名称	项目特征描述	计量单位	工程量
011106001001	石材楼梯面层	大理石面层，1∶2.5 水泥砂浆基层	m^2	18.23

【例 3-19】 如图 3-18 所示，一楼梯为大理石面层，楼梯侧面也为大理石粘贴，试计算其工程量。

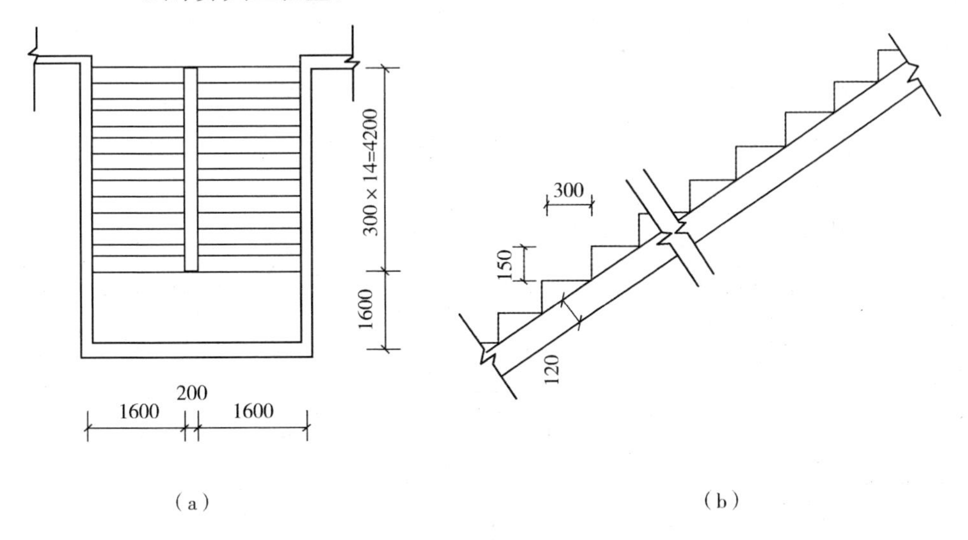

图 3-18　楼梯平、立面图

(a) 平面图；(b) 立面图

【解】(1) 楼梯面层工程量＝楼梯间水平投影面积

$$=(3.4-0.24)\times(1.6-0.12+4.2+0.3)$$

$$=18.9(m^2)$$

【注释】 其中 3.4＝1.6＋0.2＋1.6 为水平休息台墙的中心轴线间的距离，0.24 为墙厚，1.6 为休息台的宽度，0.12 为墙的中心轴线到墙的距离，4.2 为台阶的水平投影长度，因要算至最上一层踏步边沿加 300mm，因此要加 0.3。

(2) 侧面碎拼石材工程量 $=[\sqrt{4.2^2+(0.15\times15)^2}\times0.12+\frac{1}{2}\times0.15\times0.3\times15]\times2$

$$=1.82(m^2)$$

【注释】 由楼梯立面图可知，楼梯斜长＝$\sqrt{4.2^2+(0.15\times15)^2}$，其中 4.2 为楼梯的

水平投影长度，0.15×15 为楼梯高度，0.15 为每阶台阶的高度，15 为台阶的数量，楼梯斜长乘以斜长的宽度，极为侧面的面积，台阶的侧面面积$=\frac{1}{2}\times0.15\times0.3\times15$，其中 0.15 为台阶的高度，0.3 为台阶的宽度，台阶的侧面为三角形，共有 15 级台阶，楼梯有两个侧面，因此最后乘以 2。

清单工程量计算见表 3-27。

表 3-27　清单工程量计算表

序号	项目编码	项目名称	项目特征描述	计量单位	工程量
1	011108002001	拼碎石材零星项目	楼梯侧面为大理石粘贴	m^2	1.82
2	011106001001	石材楼梯面层	大理石楼梯面层	m^2	18.90

【例 3-20】 如图 3-19 所示，一小便池面层为 20mm 厚的 1∶2.5 水泥砂浆面层，试计算其面层工程量。

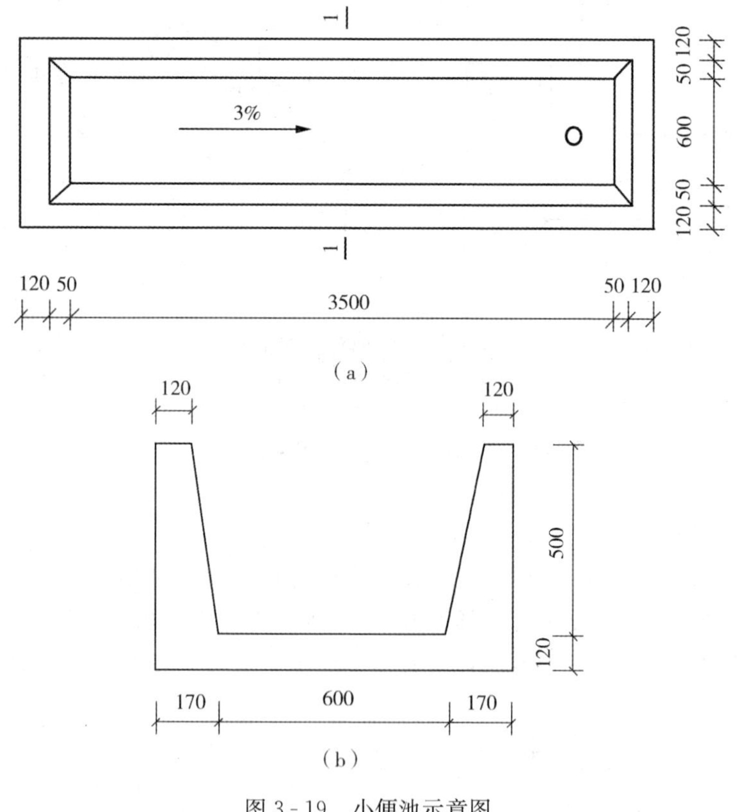

图 3-19　小便池示意图

(a) 平面图；(b) 立面图

【解】 工程量＝外壁面积＋内壁面积＋槽底面积＋槽沿面积

$=[(3.5+0.05\times2+0.12\times2+0.6+0.05\times2+0.12\times2)\times(0.5+0.12)\times2]+[\sqrt{(0.05^2+0.5^2)}\times(3.5+0.05+0.6+0.05)\times2]+3.5\times0.6+[(3.5+0.05\times2+0.12+0.6+0.05\times2+0.12)\times2\times0.12]$

$=5.93+4.22+2.1+1.09$

$=13.34(m^2)$

【注释】式中（3.5+0.05×2+0.12×2）为外壁的长度，其中3.5为底面长度，0.05为斜面的水平投影宽度，0.12为槽沿的宽度。（0.6+0.05×2+0.12×2）为外壁的宽度，其中0.6为底面的宽度，外壁的高度为（0.5+0.12），其中0.5为内壁的高度，0.12为底面的厚度，$\sqrt{(0.05^2+0.5^2)}$为立面图中的斜长，斜坡的总长度为（3.5+0.05+0.6+0.05）×2，斜长相当于斜坡的宽度，因此易求得斜坡的面积，槽沿的面积=槽沿的中线的长度×槽沿的宽度。

清单工程量计算见表3-28。

表3-28　清单工程量计算表

项目编码	项目名称	项目特征描述	计量单位	工程量
011108004001	水泥砂浆零星项目	20mm厚1∶2.5水泥砂浆小便池面层	m^2	13.34

【例3-21】如图3-20所示，一楼梯面层为铺在水泥地面上的企口硬木地板砖，楼梯井宽为600mm，每阶楼梯宽300mm，试计算其工程量。

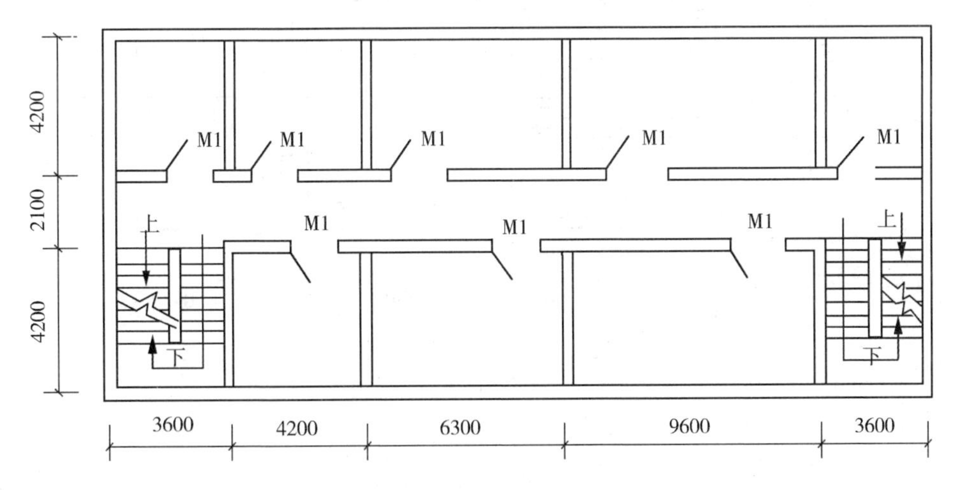

图3-20　房屋平面示意图

（注：M1尺寸1500×2400。）

【解】 清单工程量：

因为楼梯井宽 600mm＞500mm，应予以扣除其水平投影面积。

工程量＝楼梯间水平投影面积－楼台梯井水平投影面积

＝[(4.2－0.12＋0.3)×(3.6－0.24)－(0.3×8×0.6)]×2

＝(14.72－1.44)×2

＝26.56(m^2)

【注释】 式中 1.8 为楼梯水平休息台的宽度，0.12 为休息台墙的中心轴线到墙的距离，0.3 为台阶的宽度，8 为台阶的阶数，最后一个 0.3 遵循楼梯水平投影要算至最上一层踏步边沿加 0.3 的规则，2.4 为楼梯井水平投影的长度，0.6 为楼梯井水平投影的宽度。

清单工程量计算见表 3-29。

表 3-29　清单工程量计算表

项目编码	项目名称	项目特征描述	计量单位	工程量
011106007001	木板楼梯面层	楼梯面层为铺在水泥地面上企口硬木地板砖	m^2	26.56

【例 3-22】 如图 3-21 所示，求陶瓷地砖楼梯面层的工程量。

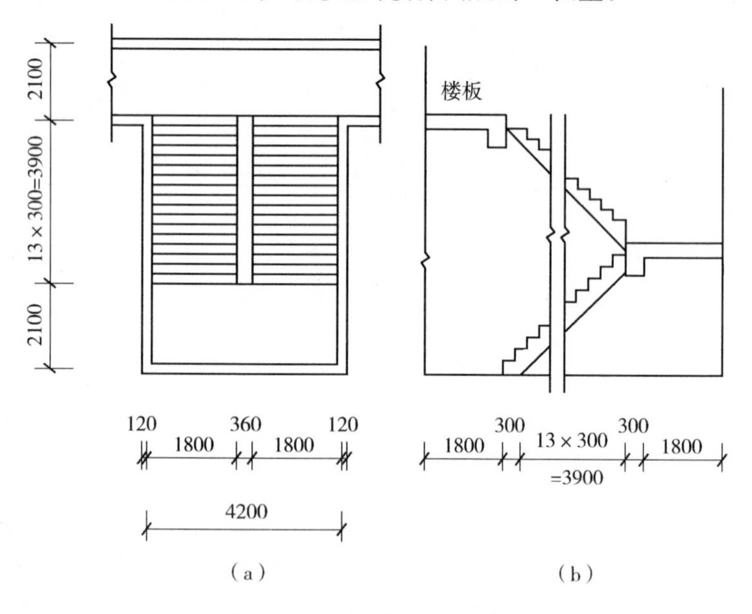

图 3-21　楼梯平、立面示意图

(a) 平面图；(b) 立面图

【解】 清单工程量：

(2.1－0.12＋3.9＋0.3)×(4.2－0.24) ＝24.47(m^2)

清单工程量计算见表 3-30。

表 3-30　　**清单工程量计算表**

项目编码	项目名称	项目特征描述	计量单位	工程量
011106002001	块料楼梯面层	陶瓷地砖楼梯面层	m^2	24.47

【例 3-23】 如图 3-22 所示，房间铺设硬木拼花地板粘贴在毛地板上（不包括厨房，卫生间和阳台），试计算其工程量。

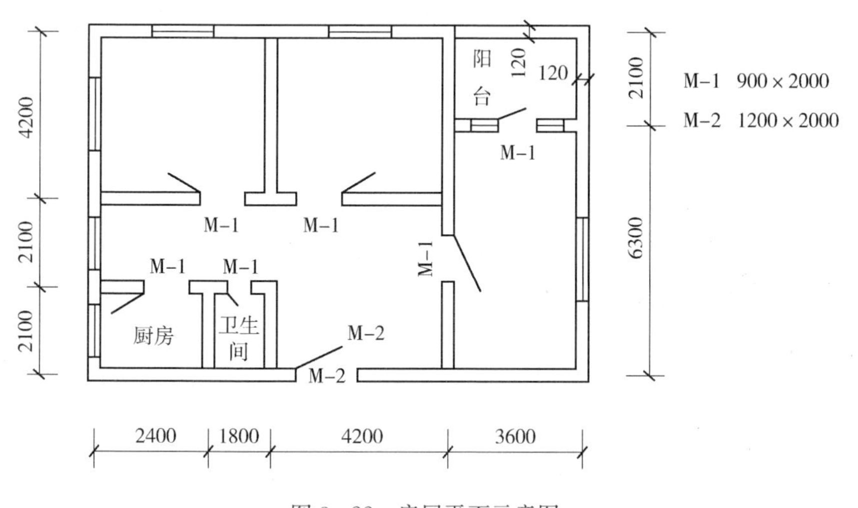

图 3-22　房屋平面示意图

【解】 清单工程量：

工程量＝(4.2－0.24)×(4.2－0.24)×2＋(3.6－0.24)×(6.3－0.24)＋(4.2－0.24)×(8.4－0.24)－(2.1×4.2)＋(0.9×0.24)×3＋(0.9×0.12)×3＋1.2×0.12

＝76.33(m^2)

【注释】 (4.2－0.24)×(4.2－0.24)×2 为两个图中左上两个房间的面积，(3.6－0.24)×(6.3－0.24) 为右下角房间的面积，(4.2－0.24)×(8.4－0.24)－(2.1×4.2) 为左下角大厅扣除厨房和卫生间后的面积，(0.9×0.24)×3＋(0.9×0.12)×3＋1.2×0.12 为 7 个门洞的水平投影面积。

清单工程量计算见表 3-31。

表 3-31 清单工程量计算表

项目编码	项目名称	项目特征描述	计量单位	工程量
011104004001	防静电活动地板	房间铺设硬木拼花地板	m^2	76.33

【例 3-24】 如图 3-23 所示，踢脚线为 170mm 高的大理石踢脚线（非成品）计算其工程量。

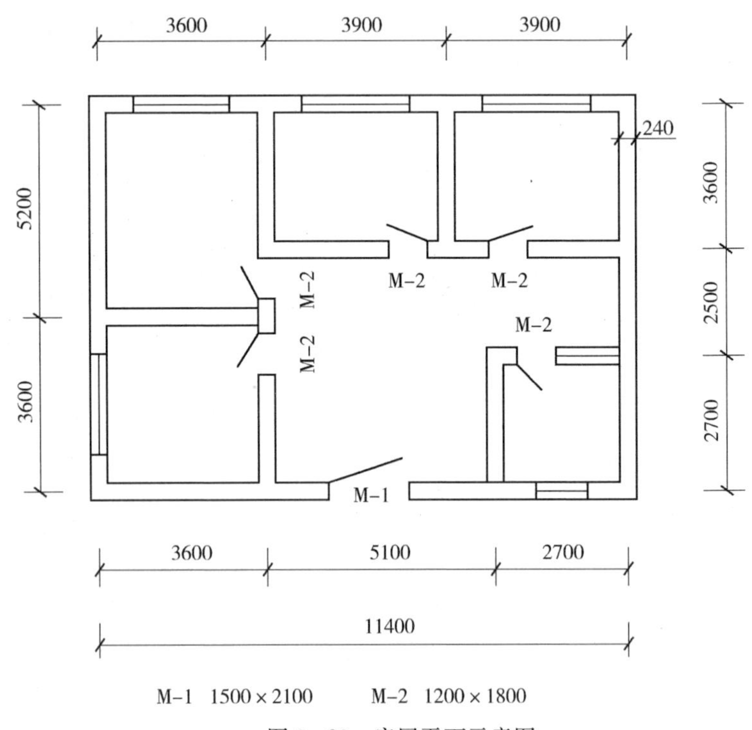

图 3-23 房屋平面示意图

【解】 清单工程量：

$$
\begin{aligned}
\text{工程量} &= [(3.6-0.24)\times4+(5.2-0.24+3.6-0.24)\times2+(3.9-0.24+3.6-0.24)\times2\times2+(2.7-0.24)\times4+(5.1+2.7-0.24+2.7+2.5-0.24)\times2]\times0.17 \\
&= (13.44+16.64+28.08+9.84+25.04)\times0.17 \\
&= 15.82(m^2)
\end{aligned}
$$

应扣除门踢脚工程量 $=1.85m^2$，$15.82-1.85=13.97(m^2)$

【注释】 $(3.6-0.24)\times4$ 为左下 3600×3600 房间的周长，$(5.2-0.24+3.6-0.24)\times2$ 为左上 5200×3600 房间的周长，$(3.9-0.24+3.6-0.24)\times2\times2$ 为上面两个 3900×3600 房间的周长，$(2.7-0.24)\times4$ 为右下 2700×2700 房间的周长，$(5.1+2.7-0.24+2.7+2.5-0.24)\times2$ 为右中走道

的周长，0.17 为踢脚线高度。

清单工程量计算见表 3-32。

表 3-32　　清单工程量计算表

项目编码	项目名称	项目特征描述	计量单位	工程量
011105002001	石材踢脚线	170mm 高的大理石踢脚线（非成品）	m^2	13.97

【例 3-25】 如图 3-24 和图 3-25 所示，室内踢脚线为 150mm 高的现浇水磨石，求其工程量。

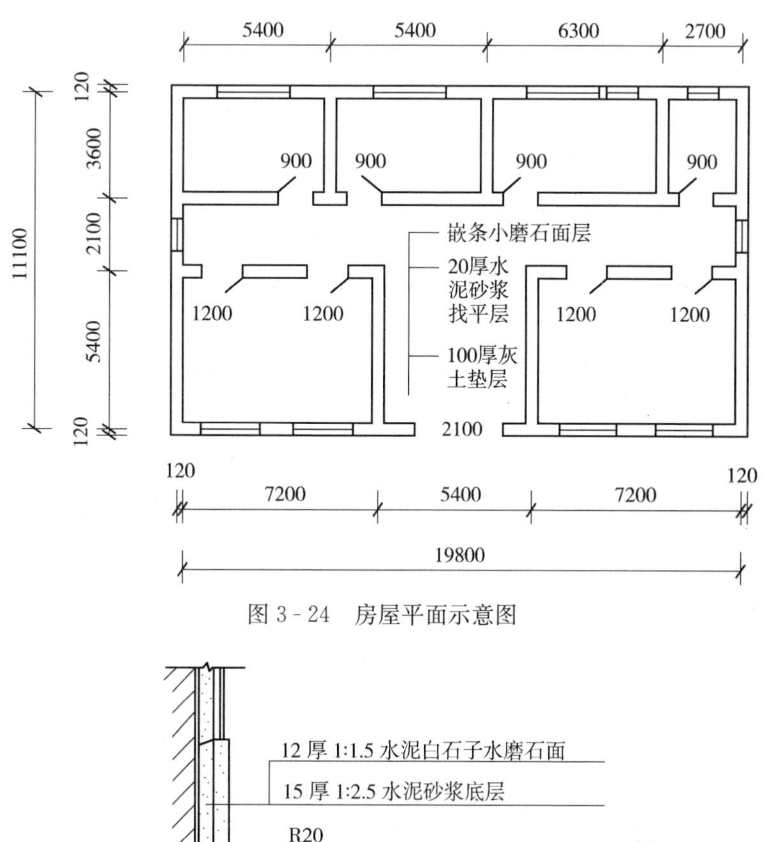

图 3-24　房屋平面示意图

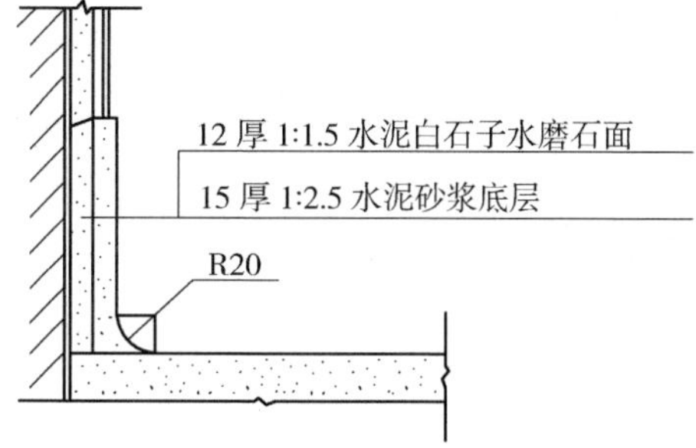

图 3-25　踢脚线详图

【解】 清单工程量：

工程量=设计长度×高度

=[(5.4－0.24＋3.6－0.24)×2×2＋(6.3－0.24＋3.6－0.24)×2＋

(2.7－0.24＋3.6－0.24)×2＋(5.4－0.24＋7.2－0.24)×2×2＋
(7.2＋5.4＋7.2－0.24＋2.1－0.24)×2＋5.4×2]×0.15
＝(34.08＋18.84＋11.64＋48.48＋42.84＋10.8)×0.15
＝166.68×0.15
＝25.00(m^2)

门应扣踢脚工程量＝(0.9×8－0.24×8＋1.2×8－0.24×8＋2.1－0.24)×0.15＝2.22 (m^2)

踢脚工程量＝25－2.22＝22.78 (m^2)

【注释】(5.4－0.24＋3.6－0.24)×2×2 为左上两个 5400×3600 房间的周长，(6.3－0.24＋3.6－0.24)×2 为上面 6300×3600 房间的周长，(2.7－0.24＋3.6－0.24)×2 为右上 2700×3600 房间的周长，(5.4－0.24＋7.2－0.24)×2×2 为下部两个 5400×7200 房间的周长，(7.2＋5.4＋7.2－0.24＋2.1－0.24)×2 为中间长走道的周长，5.4×2 为下中5400×5400 房间的左右两个边长，0.15 为踢脚线高度。

清单工程量计算见表 3-33。

表 3-33　　**清单工程量计算表**

项目编码	项目名称	项目特征描述	计量单位	工程量
011105002001	石材踢脚线	150mm 高的现浇水磨石踢脚线	m^2	22.78

【例 3-26】 如图 3-26 所示，房屋踢脚板为 170mm 高不锈钢踢脚板，详见如图 3-27所示，求其工程量。

【解】 清单工程量：

工程量＝设计长度×高度
＝[(9.6－0.24＋12.6－0.24)×2＋(4.8－0.24＋6.3－0.24)×2＋(4.8－0.24＋3.9－0.24)×2] ×0.17
＝ (43.44＋21.24＋16.44)×0.17
＝81.12×0.17
＝13.79(m^2)

门应扣踢脚线工程量＝(1.8×4－0.24×4＋2.4×2－0.24×2＋3×2－0.24×2)×0.17＝2.73(m^2)

踢脚工程量＝13.79－2.73＝11.06 (m^2)

【注释】(9.6－0.24＋12.6－0.24)×2 为左边大房间周长，(4.8－0.24＋6.3－0.24)×2 为两道内墙长度的两倍（内墙两侧都有踢脚线，按双面计算），(4.8－0.24＋3.9－0.24)×2 为右边小房间的周长，0.17 为踢脚线高度。

清单工程量计算见表 3-34。

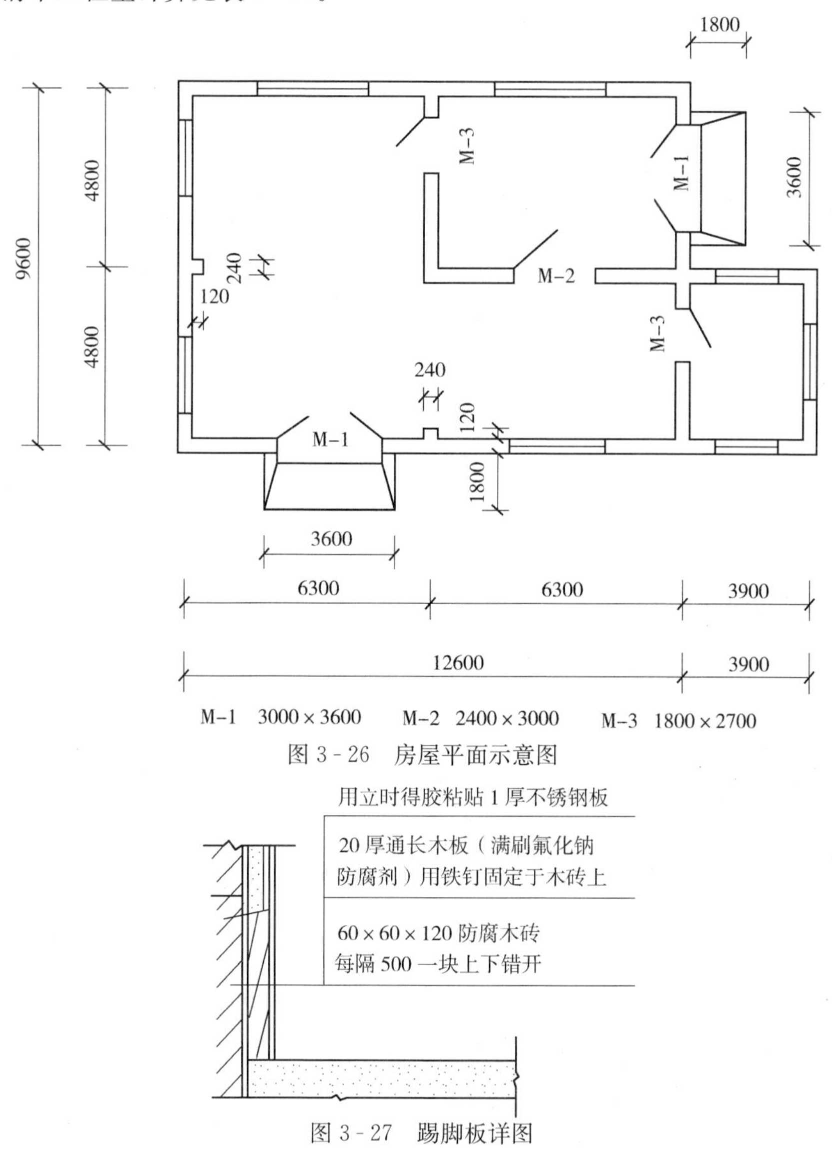

图 3-26　房屋平面示意图

图 3-27　踢脚板详图

表 3-34　　清单工程量计算表

项目编码	项目名称	项目特征描述	计量单位	工程量
011105006001	金属踢脚线	1. 170mm 高不锈钢踢脚板 2. 20mm 厚通长木板 3. 60mm×60mm×120mm 防腐木砖，每隔 500mm 一块上下错开	m^2	11.06

第四章　墙、柱面装饰与隔断、幕墙工程

一、墙、柱面装饰与隔断、幕墙工程清单工程量计算规范

1. 墙面抹灰

墙面抹灰工程量清单项目设置及工程量计算规则应按表 4－1 的规定执行。

表 4－1　　　　**墙面抹灰**（编码：011201）

<table>
<tr><th>项目编码</th><th>项目名称</th><th>项目特征</th><th>计量单位</th><th>工程量计算规则</th><th>工程内容</th></tr>
<tr><td>011201001</td><td>墙面一般抹灰</td><td rowspan="2">1. 墙体类型
2. 底层厚度、砂浆配合比
3. 面层厚度、砂浆配合比
4. 装饰面材料种类
5. 分格缝宽度、材料种类</td><td rowspan="3">m^2</td><td rowspan="3">按设计图示尺寸以面积计算。扣除墙裙、门窗洞口及单个＞$0.3m^2$ 的孔洞面积，不扣除踢脚线、挂镜线和墙与构件交接处的面积，门窗洞口和孔洞的侧壁及顶面不增加面积。附墙柱、梁、垛、烟囱侧壁并入相应的墙面面积内
1. 外墙抹灰面积按外墙垂直投影面积计算
2. 外墙裙抹灰面积按其长度乘以高度计算
3. 内墙抹灰面积按主墙间的净长乘以高度计算
（1）无墙裙的，高度按室内楼地面至天棚底面计算
（2）有墙裙的，高度按墙裙顶至天棚底面计算
（3）有吊顶天棚抹灰，高度算至天棚底
4. 内墙裙抹灰面按内墙净长乘以高度计算</td><td rowspan="2">1. 基层清理
2. 砂浆制作、运输
3. 底层抹灰
4. 抹面层
5. 抹装饰面
6. 勾分格缝</td></tr>
<tr><td>011201002</td><td>墙面装饰抹灰</td></tr>
<tr><td>011201003</td><td>墙面勾缝</td><td>1. 勾缝类型
2. 勾缝材料种类</td><td>1. 基层清理
2. 砂浆制作、运输
3. 勾缝</td></tr>
</table>

2. 柱（梁）面抹灰

柱（梁）面抹灰工程量清单项目设置及工程量计算规则应按表4－2的规定执行。

表4－2　　**柱（梁）面抹灰**（编码：011202）

项目编码	项目名称	项目特征	计量单位	工程量计算规则	工程内容
011202001	柱、梁面一般抹灰	1. 柱（梁）体类型 2. 底层厚度、砂浆配合比 3. 面层厚度、砂浆配合比 4. 装饰面材料种类 5. 分格缝宽度、材料种类	m^2	1. 柱面抹灰：按设计图示柱断面周长乘高度以面积计算 2. 梁面抹灰：按设计图示梁断面周长乘长度以面积计算	1. 基层清理 2. 砂浆制作、运输 3. 底层抹灰 4. 抹面层 5. 勾分格缝
011202002	柱、梁面装饰抹灰				
011202004	柱面勾缝	1. 勾缝类型 2. 勾缝材料种类		按设计图示柱断面周长乘高度以面积计算	1. 基层清理 2. 砂浆制作、运输 3. 抹灰找平

3. 零星抹灰

零星抹灰工程量清单项目设置及工程量计算规则应按表4－3的规定执行。

表4－3　　**零星抹灰**（编码：011203）

项目编码	项目名称	项目特征	计量单位	工程量计算规则	工程内容
011203001	零星项目一般抹灰	1. 基层类型、部位 2. 底层厚度、砂浆配合比 3. 面层厚度、砂浆配合比 4. 装饰面材料种类 5. 分格缝宽度、材料种类	m^2	按设计图示尺寸以面积计算	1. 基层清理 2. 砂浆制作、运输 3. 底层抹灰 4. 抹面层 5. 抹装饰面 6. 勾分格缝
011203002	零星项目装饰抹灰				

4. 墙面块料面层

墙面块料面层工程量清单项目设置及工程量计算规则应按表4－4的规定执行。

表 4-4 墙面块料面层（编码：011204）

项目编码	项目名称	项目特征	计量单位	工程量计算规则	工程内容
011204001	石材墙面	1. 墙体类型 2. 安装方式 3. 面层材料品种、规格、颜色 4. 缝宽、嵌缝材料种类 5. 防护材料种类 6. 磨光、酸洗、打蜡要求	m^2	按镶贴表面积计算	1. 基层清理 2. 砂浆制作、运输 3. 粘结层铺贴 4. 面层安装 5. 嵌缝 6. 刷防护材料 7. 磨光、酸洗、打蜡
011204002	拼碎石材墙面				
011204003	块料墙面				
011204004	干挂石材钢骨架	1. 骨架种类、规格 2. 防锈漆品种遍数	t	按设计图示以质量计算	1. 骨架制作、运输、安装 2. 刷漆

5. 柱（梁）面镶贴块料

柱（梁）面镶贴块料工程量清单项目设置及工程量计算规则应按表 4-5 的规定执行。

表 4-5 柱（梁）面镶贴块料（编码：011205）

项目编码	项目名称	项目特征	计量单位	工程量计算规则	工程内容
011205001	石材柱面	1. 柱截面类型、尺寸 2. 安装方式 3. 面层材料品种、规格、颜色 4. 缝宽、嵌缝材料种类 5. 防护材料种类 6. 磨光、酸洗、打蜡要求	m^2	按镶贴表面积计算	1. 基层清理 2. 砂浆制作、运输 3. 粘结层铺贴 4. 面层安装 5. 嵌缝 6. 刷防护材料 7. 磨光、酸洗、打蜡
011205003	拼碎块柱面				
011205004	石材梁面	1. 安装方式 2. 面层材料品种、规格、颜色 3. 缝宽、嵌缝材料种类 4. 防护材料种类 5. 磨光、酸洗、打蜡要求			
011205005	块料梁面				

6. 镶贴零星块料

镶贴零星块料工程量清单项目设置及工程量计算规则应按表 4-6 的规定执行。

表 4-6　　**镶贴零星块料**（编码：011206）

项目编码	项目名称	项目特征	计量单位	工程量计算规则	工程内容
011206001	石材零星项目	1. 基层类型、部位 2. 安装方式 3. 面层材料品种、规格、颜色 4. 缝宽、嵌缝材料种类 5. 防护材料种类 6. 磨光、酸洗、打蜡要求	m^2	按镶贴表面积计算	1. 基层清理 2. 砂浆制作、运输 3. 面层安装 4. 嵌缝 5. 刷防护材料 6. 磨光、酸洗、打蜡
011206003	拼碎块零星项目				

7. 墙饰面

墙饰面工程量清单项目设置及工程量计算规则应按表 4-7 的规定执行。

表 4-7　　**墙饰面**（编码：011207）

项目编码	项目名称	项目特征	计量单位	工程量计算规则	工程内容
011207001	墙面装饰板	1. 龙骨材料种类、规格、中距 2. 隔离层材料种类、规格 3. 基层材料种类、规格 4. 面层材料品种、规格、颜色 5. 压条材料种类、规格	m^2	按设计图示墙净长乘净高以面积计算。扣除门窗洞口及单个$>0.3m^2$的孔洞所占面积	1. 基层清理 2. 龙骨制作、运输、安装 3. 钉隔离层 4. 基层铺钉 5. 面层铺贴

8. 柱（梁）饰面

柱（梁）饰面工程量清单项目设置及工程量计算规则应按表 4-8 的规定执行。

表 4-8　　**柱（梁）饰面**（编码：011208）

项目编码	项目名称	项目特征	计量单位	工程量计算规则	工程内容
011208001	柱（梁）面装饰	1. 龙骨材料种类、规格、中距 2. 隔离层材料种类 3. 基层材料种类、规格 4. 面层材料品种、规格、颜色 5. 压条材料种类、规格	m^2	按设计图示饰面外围尺寸以面积计算。柱帽、柱墩并入相应柱饰面工程量内	1. 清理基层 2. 龙骨制作、运输、安装 3. 钉隔离层 4. 基层铺钉 5. 面层铺贴

9. 幕墙工程

幕墙工程工程量清单项目设置及工程量计算规则应按表 4-9 的规定执行。

表 4-9 **幕墙工程**（编码：011209）

项目编码	项目名称	项目特征	计量单位	工程量计算规则	工程内容
011209001	带骨架幕墙	1. 骨架材料种类、规格、中距 2. 面层材料品种、规格、颜色 3. 面层固定方式 4. 隔离带、框边封闭材料品种、规格 5. 嵌缝、塞口材料种类	m^2	按设计图示框外围尺寸以面积计算。与幕墙同种材质的窗所占面积不扣除	1. 骨架制作、运输、安装 2. 面层安装 3. 隔离带、框边封闭 4. 嵌缝、塞口 5. 清洗
011209002	全玻（无框玻璃）幕墙	1. 玻璃品种、规格、颜色 2. 粘结塞口材料种类 3. 固定方式		按设计图示尺寸以面积计算。带肋全玻幕墙按展开面积计算	1. 幕墙安装 2. 嵌缝、塞口 3. 清洗

10. 隔断

隔断工程量清单项目设置及工程量计算规则应按表 4-10 的规定执行。

表 4-10 **隔断**（编码：011210）

项目编码	项目名称	项目特征	计量单位	工程量计算规则	工程内容
011210001	木隔断	1. 骨架、边框材料种类、规格 2. 隔板材料品种、规格、颜色 3. 嵌缝、塞口材料品种 4. 压条材料种类	m^2	按设计图示框外围尺寸以面积计算。不扣除单个≤0.3m^2 的孔洞所占面积；浴厕门的材质与隔断相同时，门的面积并入隔断面积内	1. 骨架及边框制作、运输、安装 2. 隔板制作、运输、安装 3. 嵌缝、塞口 4. 装钉压条
011210002	金属隔断	1. 骨架、边框材料种类、规格 2. 隔板材料品种、规格、颜色 3. 嵌缝、塞口材料品种			1. 骨架及边框制作、运输、安装 2. 隔板制作、运输、安装 3. 嵌缝、塞口
011210003	玻璃隔断	1. 边框材料种类、规格 2. 玻璃品种、规格、颜色 3. 嵌缝、塞口材料品种		按设计图示框外围尺寸以面积计算。不扣除单个≤0.3m^2 的孔洞所占面积	1. 边框制作、运输、安装 2. 玻璃制作、运输、安装 3. 嵌缝、塞口

二、工程算量示例

【例 4 - 1】如图 4 - 1、图 4 - 2 和图 4 - 3 所示，建筑物内墙采用 107 耐擦洗涂料，外墙采用乙丙乳胶漆涂刷，试求该建筑物墙面装饰工程工程量。

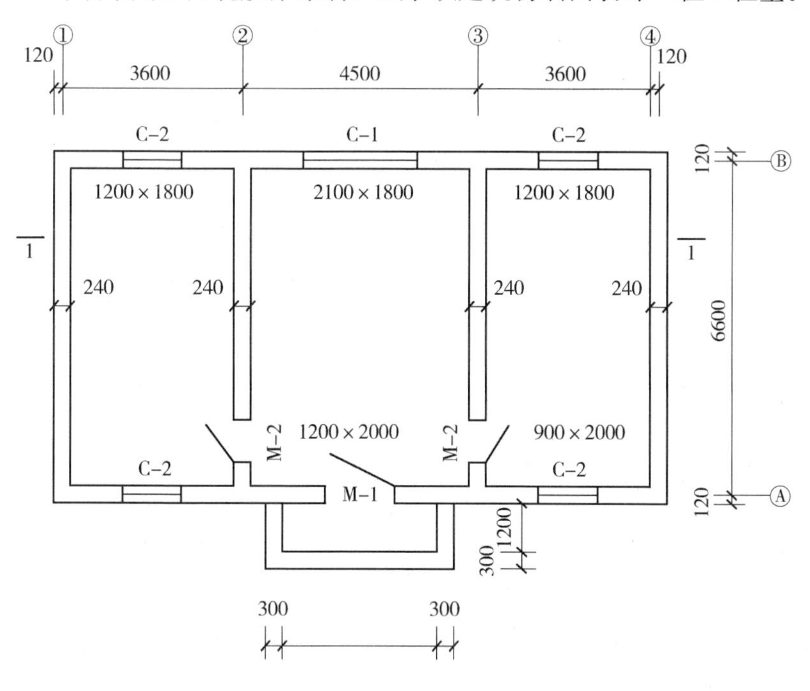

图 4 - 1　某建筑平面示意图

【解】清单工程量：

内墙工程量＝(3.6－0.12×2＋6.6－0.12×2)×2×3.6×2＋(4.5－0.12×2＋6.6－0.12×2)×2×3.0－1.2×1.8×4－2.1×1.8－0.9×2.0×4－1.2×2.0

＝181.67(m^2)

外墙工程量＝(6.6＋4.5＋3.6×2＋0.12×2×2)×2×4.8－2.1×1.8－1.2×1.8×4－1.2×2.0－ (3.2＋3.2＋0.3×2)×0.15

＝164.42(m^2)

【注释】(3.6－0.12×2＋6.6－0.12×2)×2×3.6×2 为两边房间的内墙的周长乘以其高度；(4.5－0.12×2＋6.6－0.12×2)×2×3.0 为中间房间的周长乘以其房间的内墙高度；1.2×1.8×4 为四个窗户 2 的截面积，2.1×1.8 为窗户 1 的截面积，1.2×2.0 为门一的截面积，0.9×2.0×4 为门 2

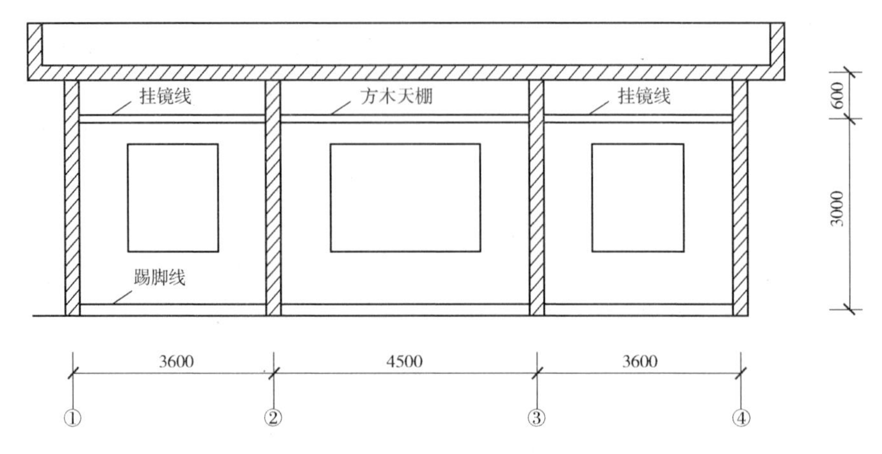

图 4-2 某建筑剖面示意图

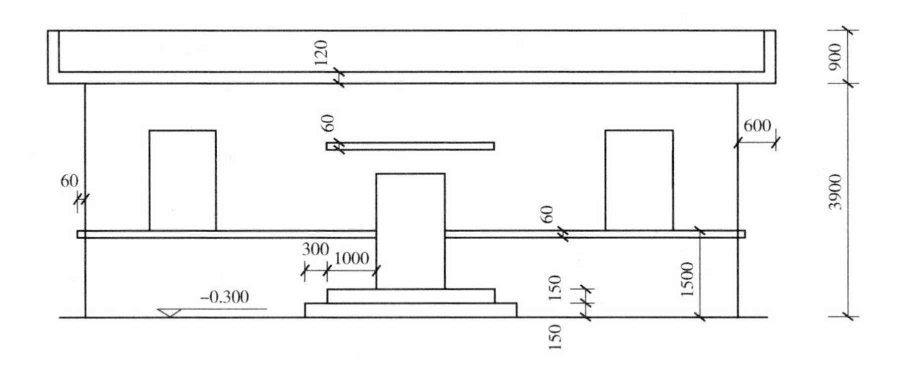

图 4-3 某建筑立面示意图

的四个内墙面的截面积；1.2×2.0 为门 1 洞口的截面积；（6.6+4.5+3.6×2+0.12×2×2）×2×4.8 为外墙的总长度乘以外墙的高度；0.24 为墙的厚度，（3.2+3.2+0.3×2）入口处台阶的长度，0.15 为台阶的高度。工程量按设计图示尺寸以面积计算。

清单工程量计算见表 4-11。

表 4-11　　　　清单工程量计算表

项目编码	项目名称	项目特征描述	计量单位	工程量
011201002001	墙面装饰抹灰	内墙抹 107 耐擦洗涂料	m^2	181.67
011201002002	墙面装饰抹灰	外墙用乙丙外墙乳胶漆涂刷	m^2	164.42

【例 4-2】 如图 4-3 所示，某建筑物外墙墙裙高 1.5m，墙面采用水泥砂浆勾缝，试求该建筑物墙面勾缝的工程量。

【解】清单工程量：

外墙勾缝工程量＝(3.6×2＋4.5＋6.6＋0.12×2×2)×(4.8－1.5)×2－2.1×1.8－1.2×1.8×4－1.2×(2.0－1.5＋0.15×2)

＝110.57(m^2)

【注释】(3.6×2＋4.5＋6.6＋0.12×2×2)×2（外墙的底面周长）×(4.8－1.5)（外墙勾缝的高度）为外墙的勾缝的表面积；4.8为外墙的高度；1.2×1.8×4为四个窗户2的截面积，2.1×1.8为窗户1的截面积，1.2×(2.0－1.5＋0.15×2)为门一部分的截面积；工程量按设计图示尺寸以面积计算。

清单工程量计算见表4-12。

表4-12　清单工程量计算表

项目编码	项目名称	项目特征描述	计量单位	工程量
011201003001	墙面勾缝	采用水泥砂浆勾缝	m^2	110.57

【例4-3】某独立柱如图4-4所示，该柱表面用18mm厚1∶3水泥砂浆打底，面层涂6mm厚有色水泥砂浆，试求该柱装饰抹灰的工程量。

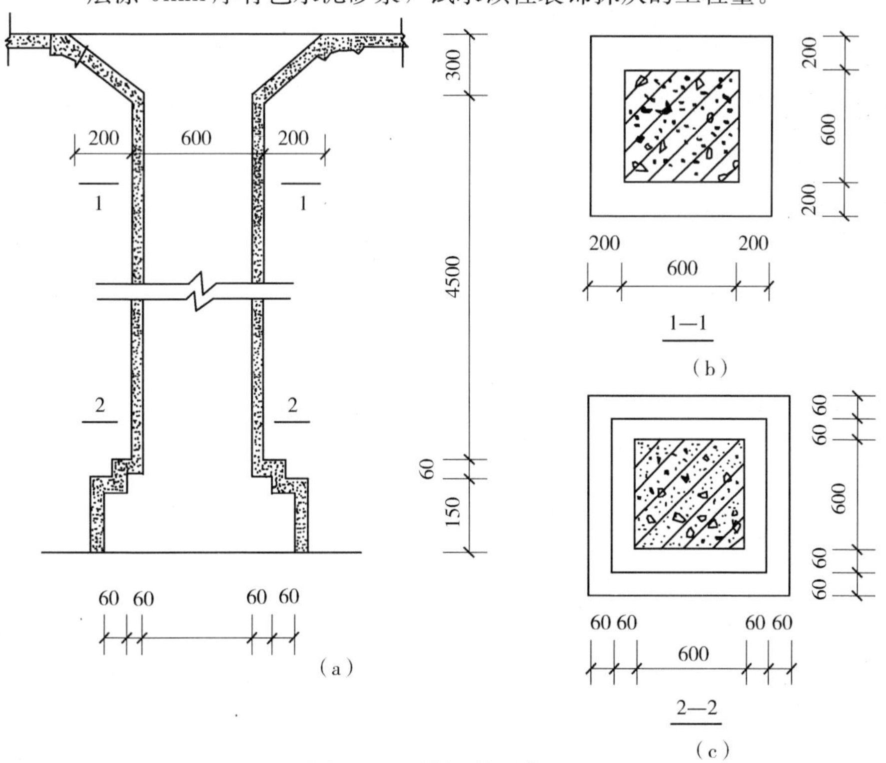

图4-4　混凝土柱示意图

(a) 立面图；(b) 1—1剖面图；(c) 2—2剖面图

【解】清单工程量：

柱身：$0.6\times4\times4.5=10.80(m^2)$

柱帽：$\frac{1}{2}\times(0.6+0.6+0.2\times2)\times\sqrt{0.2^2+0.3^2}\times4=1.15(m^2)$

柱脚：$(0.6+0.06\times4)\times(0.6+0.06\times4)-0.6\times0.6+(0.6+0.06\times2)\times0.06\times4+(0.6+0.06\times4)\times0.15\times4=1.02(m^2)$

该柱的工程量$=10.80+1.15+1.02=12.97(m^2)$

【注释】0.6（柱的截面尺寸）×4（柱的四个侧面）×4.5（柱的高度）为柱身的表面积；$\frac{1}{2}\times(0.6+0.6+0.2\times2)$（柱帽的上底加下底的长度之和除以二）×$\sqrt{0.2^2+0.3^2}$（柱帽的高度）×4 为柱帽的四个梯形侧面的表面积；$(0.6+0.06\times4)\times(0.6+0.06\times4)$ 为柱脚外水平面的的面积，0.6×0.6 柱身是截面积；(0.6+0.06×2)（阶梯的长度）×0.06（阶梯的高度）×4 为柱脚侧面上阶梯的侧面积；(0.6+0.06×4)×0.15（阶梯的高度）×4 为柱脚的下阶梯的侧面积。工程量按设计图示尺寸以面积计算。

清单工程量计算见表 4-13。

表 4-13　　清单工程量计算表

项目编码	项目名称	项目特征描述	计量单位	工程量
011202002001	柱、梁面装饰抹灰	18mm 厚 1∶3水泥砂浆打底，面层涂 6mm 厚有色水泥砂浆	m^2	12.97

【例 4-4】如图 4-5 所示，雨篷顶面采用 20mm 厚1∶3水泥砂浆中级抹灰，底面采用 20mm 厚石灰砂浆抹灰，试求雨篷抹灰的工程量。

【解】清单工程量：

顶面工程量$=2.5\times1.2=3.00(m^2)$

底面工程量$=2.5\times1.2=3.00(m^2)$

【注释】2.5（雨篷的长度）×1.2（雨篷的宽度）为雨篷的底面积。

清单工程量计算见表 4-14。

表 4-14　　清单工程量计算表

项目编码	项目名称	项目特征描述	计量单位	工程量
011203001001	零星项目一般抹灰	雨篷顶面采用 20mm 厚 1∶3水泥砂浆中级抹灰	m^2	3.00
011203001002	零星项目一般抹灰	雨篷底面采用 20mm 厚石灰砂浆抹灰	m^2	3.00

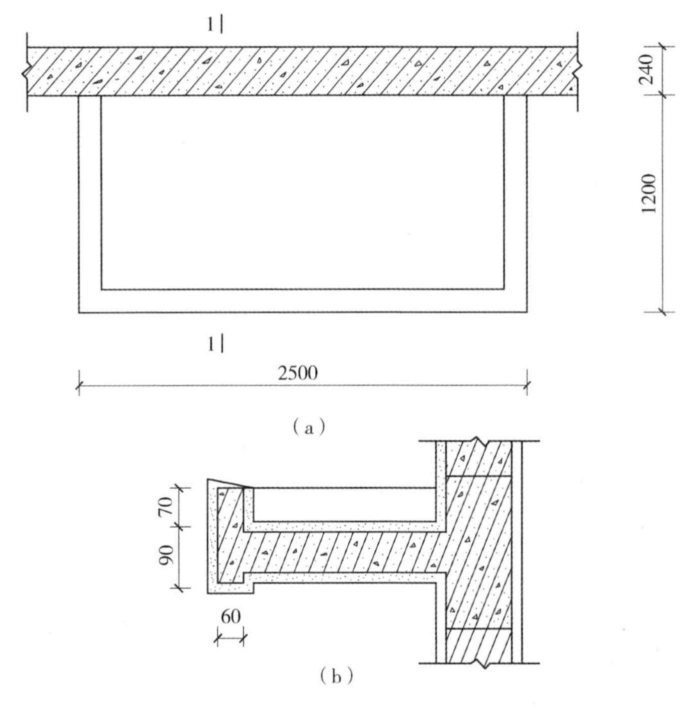

图 4-5　某雨篷示意图

(a) 平面图；(b) 剖面图

【例 4-5】 某雨篷如图 4-5 所示，顶面做水刷豆石面层，底面采用乳胶漆刷涂，试求雨篷装饰的工程量。

【解】 清单工程量：

顶面工程量＝1.2×2.5＝3.00(m^2)

底面工程量＝1.2×2.5＝3.00(m^2)

【注释】［1.2（乳胶漆刷涂的宽度）×2.5（乳胶漆刷涂的长度）］为底面用外墙乳胶漆刷涂的面积。

清单工程量计算见表 4-15。

表 4-15　　**清单工程量计算表**

项目编码	项目名称	项目特征描述	计量单位	工程量
011203002001	零星项目装饰抹灰	雨篷顶面做水刷豆石面层	m^2	3.00
011203002002	零星项目装饰抹灰	雨篷底面采用乙丙外墙乳胶漆刷涂	m^2	3.00

【例 4-6】 如图 4-1 和 4-3 所示建筑物，外墙装饰面采用不锈钢骨架上干挂花岗岩板，施工图如图 4-6 所示，试求钢骨架的工程量。

【解】 工程量＝[(3.6×2＋6.6＋4.5＋0.12×2×2)×2×4.8－2.1×1.8－1.2×

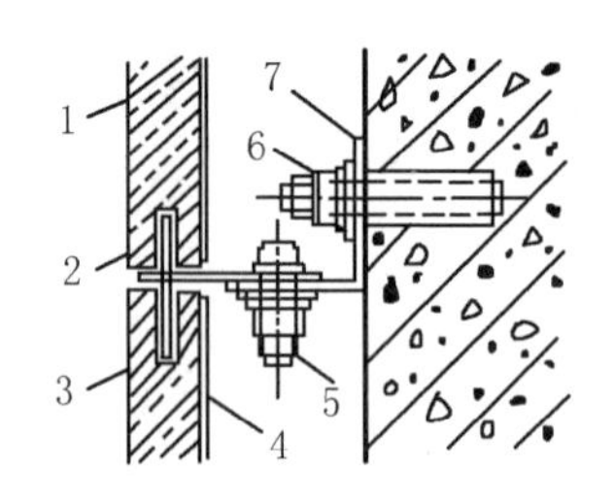

图 4-6 干挂法安装示意图

1—石板；2—不锈钢销钉；3—板材钻孔；4—玻纤布增强层；
5—紧固螺栓；6—胀铆螺栓；7—L 型不锈钢连接件

1.8×4－1.2×2.0－（3.2＋3.2＋0.3×2）×0.15］×1060.000
＝164.42×1060.000
＝174285.20(kg)
＝174.285(t)

【注释】1.2×1.8×4 为四个窗户 2 的截面积，2.1×1.8 为窗户 1 的截面积，1.2×2.0 为门一的截面积，0.9×2.0×4 为门 2 的四个内墙面的截面积；1.2×2.0 为门 1 洞口的截面积；（6.6＋4.5＋3.6×2＋0.12×2×2）×2×4.8 为外墙的总长度乘以外墙的高度；0.24 为墙的厚度，（3.2＋3.2＋0.3×2）入口处台阶的长度，0.15 为台阶的高度；1060.000 为每平方米钢筋骨架的重量；工程量计算规则按设计图示尺寸以质量计算。

清单工程量计算见表 4-16。

表 4-16 清单工程量计算表

项目编码	项目名称	项目特征描述	计量单位	工程量
011204004001	干挂石材钢骨架	不锈钢骨上干挂花岗岩板	t	174.285

【例 4-7】某钢筋混凝土梁如图 4-7 所示，梁表面镶贴大理石面层，试计算该梁装饰面的工程量。

【解】清单工程量：

工程量＝(0.45×2＋0.3＋0.02×2)×6.6＝8.18(m^2)

【注释】(0.45×2＋0.3＋0.02×2)(梁的表面镶贴大理石的截面长度)×6.6(梁的长度）为梁表面镶贴大理石面是表面积。

清单工程量计算见表 4-17。

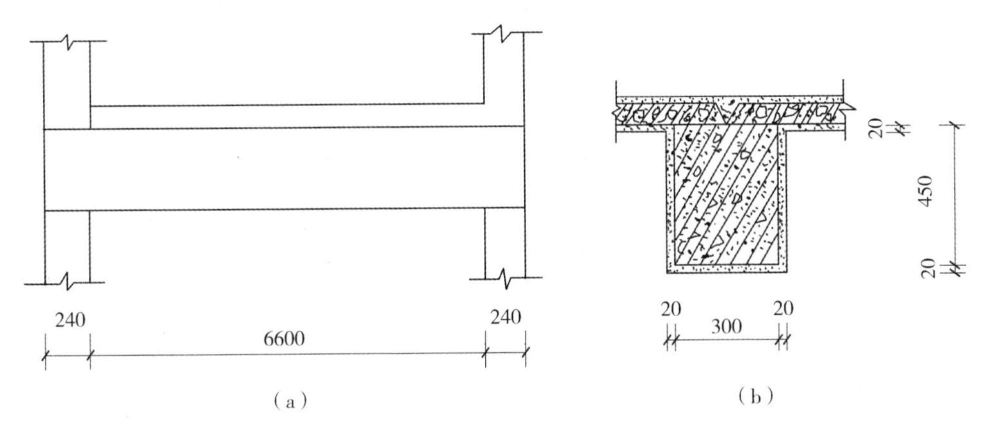

图 4-7　某混凝土梁示意图

(a) 立面图；(b) 剖面图

表 4-17　　**清单工程量计算表**

项目编码	项目名称	项目特征描述	计量单位	工程量
011205004001	石材梁面	钢筋混凝土梁表面镶贴大理石面层	m^2	8.18

【例 4-8】 某钢筋混凝土梁如图 4-7 所示，梁表面镶贴碎拼花岗岩面层，试求该梁装饰面的工程量。

【解】 清单工程量：

工程量＝(0.3＋0.02×2＋0.45×2)×6.6＝8.18(m^2)

【注释】 (0.45×2＋0.3＋0.02×2)(梁的表面镶贴碎拼花岗岩的截面长度)×6.6(梁的长度）为梁表面镶贴碎拼花岗岩面是表面积；工程量按设计图示尺寸以表面积计算。

清单工程量计算见表 4-18。

表 4-18　　**清单工程量计算表**

项目编码	项目名称	项目特征描述	计量单位	工程量
011205005001	块料梁面	钢筋混凝土梁表面镶贴碎拼花岗石面层	m^2	8.18

【例 4-9】 某阳台如图 4-8 所示，阳台外墙采用碎拼花岗岩，内墙采用1∶3水泥砂浆中级抹灰，试求该阳台外墙装饰的工程量。

【解】 清单工程量：

工程量＝［(1.5＋0.12)×2＋(3.6＋0.12×2)］×(1.2＋0.18)

＝9.77(m^2)

【注释】 (1.5＋0.12)×2 为阳台外墙的碎拼花岗岩的宽度；(3.6＋0.12×2）为

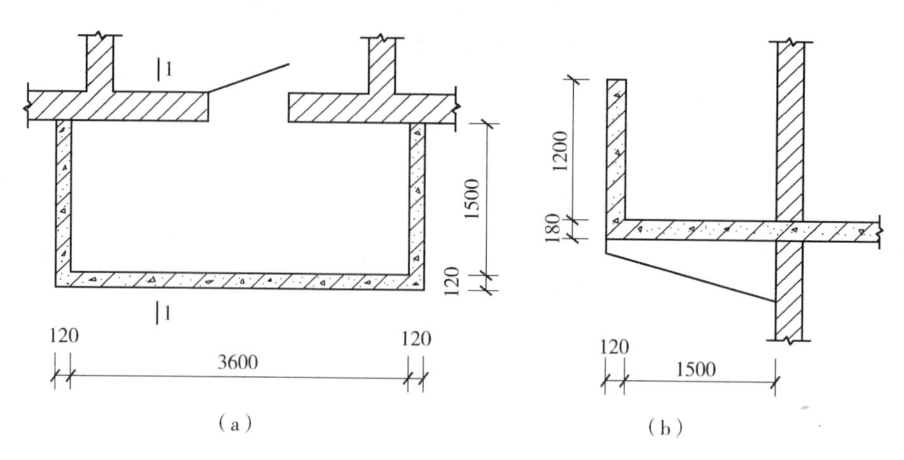

图 4-8　某阳台示意图

(a) 平面图；(b) 剖面图

阳台外墙的碎拼花岗岩的长度；(1.2+0.18) 为阳台外墙的碎拼花岗岩的高度。

清单工程量计算见表 4-19。

表 4-19　清单工程量计算表

项目编码	项目名称	项目特征描述	计量单位	工程量
011206003001	拼碎块零星项目	阳台外墙采用碎拼花岗岩	m^2	9.77

【例 4-10】 某住宅如图 4-9 所示，内墙墙面采用粘贴大理石板装饰，试求内墙装饰面的工程量。

【解】 清单工程量：

$$\text{工程量}=[(4.5-0.24)\times4+(3.3-0.24)\times4]\times3.6-0.9\times2.0\times2-1.5\times1.8\times2+[(4.5-0.24)\times2+(6.6-0.24)\times2]\times3.0-0.9\times2.0\times2-2.1\times1.8-1.2\times2.0$$

$$=150.35(m^2)$$

【注释】 [(4.5−0.24)×4 (两个房间内侧墙的长度) +(3.3−0.24)×4 (两个房间的内侧墙的长度)]×3.6 (内侧墙的高度) 为两间房间的内墙四侧面的的侧面积；0.9×2.0×2 为两个门 1 的截面积；1.5×1.8×2 为两个 窗户 1 的截面积；[(4.5−0.24)×2+(6.6−0.24)×2] 为一个大房间的内墙周长；3.0 为大房间的高度，2.1×1.8 为窗户 2 的截面积，1.2×2.0 为门 2 的截面积。工程量计算规则按设计图示尺寸以面积计算。

清单工程量计算见表 4-20。

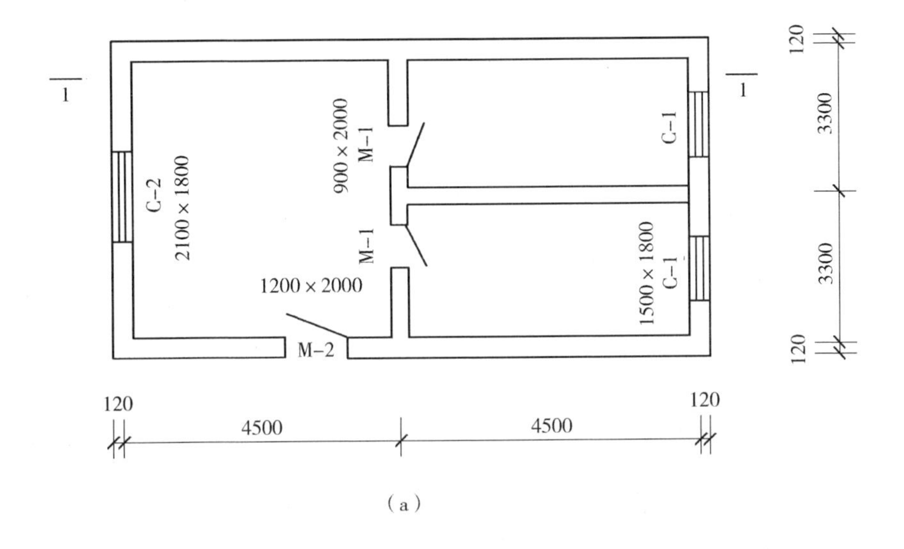

(a)

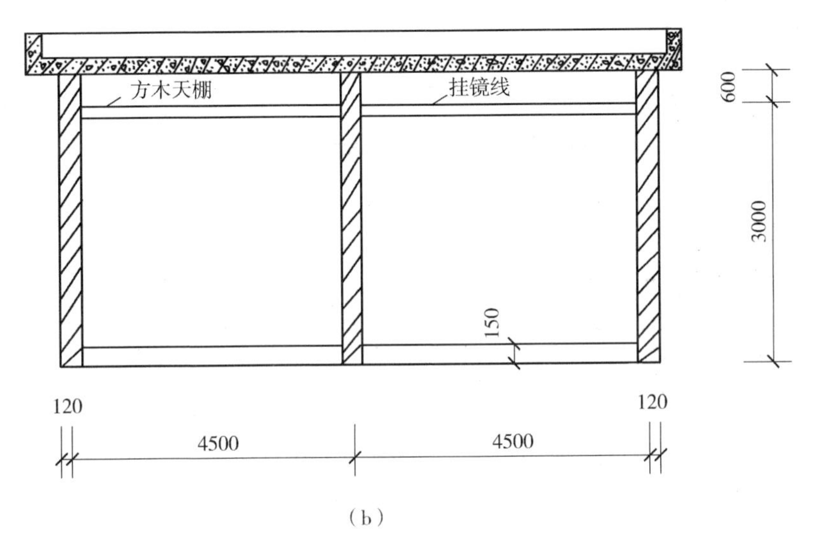

(b)

图 4-9　某住宅示意图

(a) 平面图；(b) 剖面图

表 4-20　　　　　　　　清单工程量计算表

项目编码	项目名称	项目特征描述	计量单位	工程量
011207001001	墙面装饰板	住宅内墙墙面采用粘贴大理石板装饰	m^2	150.35

【例 4-11】 如图 4-10 所示，某住宅墙体采用 240mm 厚承重砖墙，内外砖墙墙面均抹石灰砂浆二遍，无麻刀纸筋灰浆面，试分别求内、外砖墙墙面抹灰的工程量。

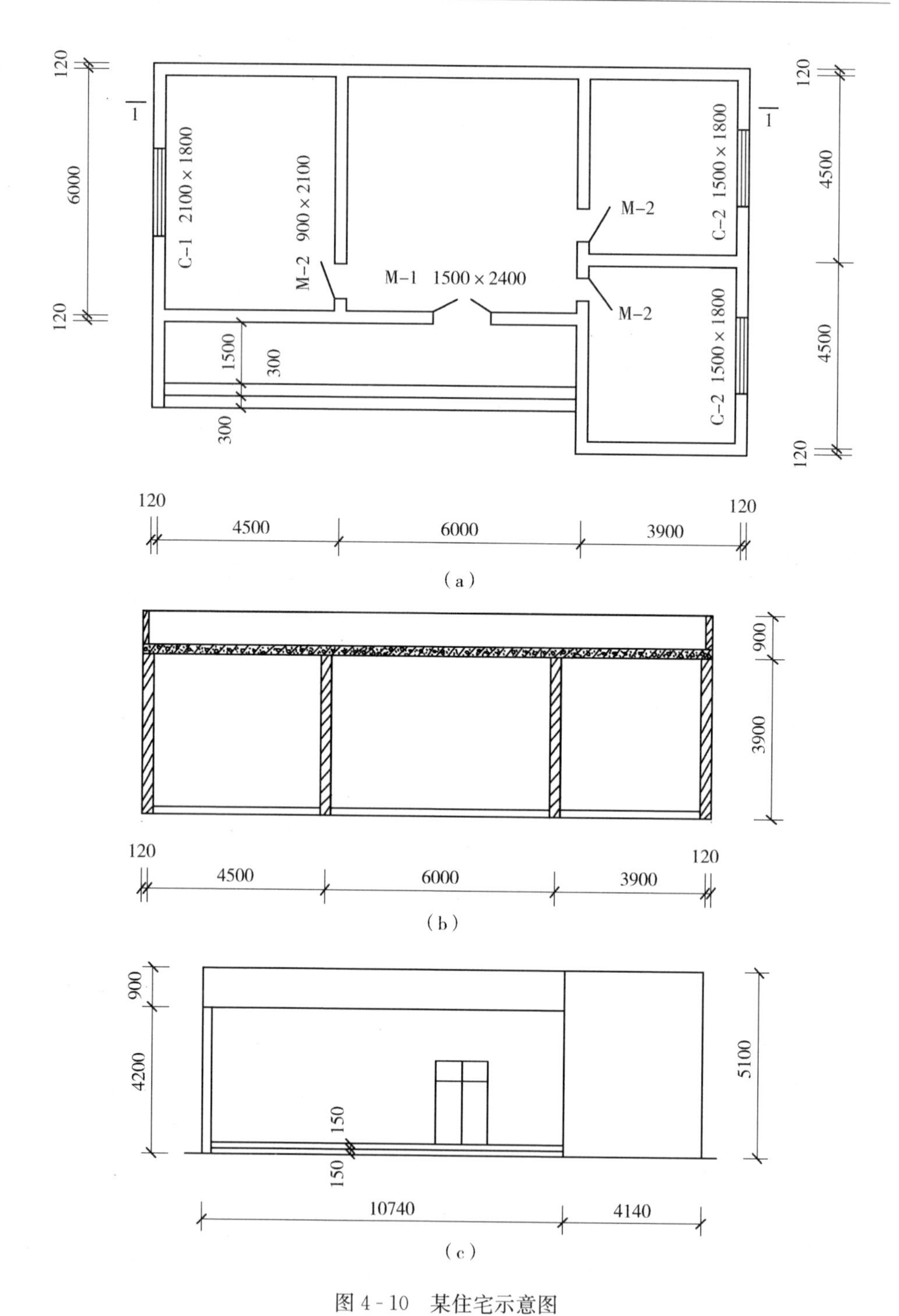

图 4-10　某住宅示意图

(a) 某住宅平面图；(b) 某住宅剖面图；(c) 某住宅正立面图

【解】 清单工程量：

内砖墙墙面抹灰工程量=[(6－0.12×2)×6＋(4.5－0.12×2)×6＋(3.9－0.12×2)×4]×3.9－0.9×2.1×2×3－1.5×2.4－2.1×1.8－1.5×1.8×2
=267.44(m^2)

外砖墙墙面抹灰工程量=[(6＋0.12×2)＋(4.5＋6＋3.9＋0.12×2)×2＋(4.5＋4.5＋0.12×2)＋(1.5＋0.3×2)＋(4.5＋4.5－6－1.5－0.6)]×5.1－1.5×2.4－2.1×1.8－1.5×1.8×2－0.3×(4.5＋6－0.12×2)－(0.15×0.3＋0.3×0.15×2)×2＋(1.5＋0.3×2)×2×4.2
=245.09(m^2)

墙面一般抹灰工程量为：267.44＋245.09=512.53(m^2)

【注释】 (6－0.12×2)×6为六个6m内墙侧面的长度，(4.5－0.12×2)×6为六个4.5m内墙侧面的长度；(3.9－0.12×2)×4为平面图中右侧六个房间的内墙的宽度；3.9为 内墙侧面的高度；0.9×2.1×2×3为三个M-2的两个侧面的截面积；1.5×2.4为M-1的截面积；2.1×1.8为C-1的截面积；1.5×1.8×2为两个C-2的截面积；[(6＋0.12×2)＋(4.5＋6＋3.9＋0.12×2)×2＋(4.5＋4.5＋0.12×2)＋(1.5＋0.3×2)＋(4.5＋4.5－6－1.5－0.6)]为外墙的总长度；5.1为外墙的高度；0.3×(4.5＋6－0.12×2)为外台阶的长度乘以水平宽度；0.3×0.15为一个台阶的侧面积；(1.5＋0.3×2)为台面的宽度；工程量按设计图示尺寸以面积计算。

清单工程量计算见表4-21。

表4-21　　清单工程量计算表

项目编码	项目名称	项目特征描述	计量单位	工程量
011201001001	墙面一般抹灰	240mm厚承重砖墙，内外砖墙墙面均抹石灰砂浆二遍，无麻刀纸筋灰浆面	m^2	512.53

【例4-12】 某住宅如图4-11所示，墙体为240mm厚砖墙，柱为400mm×400mm砖柱，内墙（柱）面抹石膏砂浆，试求内墙（柱）面抹灰的工程量。

【解】 清单工程量：

工程量=[(6－0.12×2)×6＋(4.5－0.12×2)×4＋(9－0.12×2)×2＋(0.4－0.24)×2×2]×3.9－1.2×1.8×2－1.8×1.8－1.2×2.4－0.9×2.1×2×2
=254.06(m^2)

【注释】 内墙的长度按净长线计算，(6－0.12×2)×6＋(4.5－0.12×2)×4＋

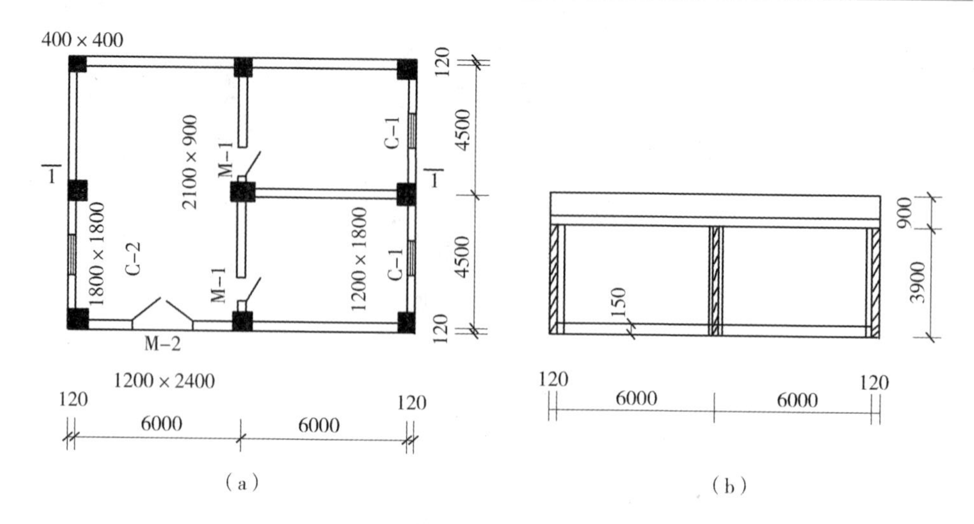

图 4-11　某住宅示意图

(a) 平面图；(b) 剖面图

(9－0.12×2)×2＋(0.4－0.24)（柱长度见墙厚度为中间两侧柱子的内墙多出的长度)×2×2 为内墙的总长度，3.9 为内墙的高度；1.2×1.8×2 为两个窗户 1 的截面积；1.8×1.8 为窗户 2 的截面积；1.2×2.4 为门 2 的截面积；0.9×2.1×2×2 为两个门 1 的两个内侧面的截面积。

清单工程量计算见表 4-22。

表 4-22　　清单工程量计算表

项目编码	项目名称	项目特征描述	计量单位	工程量
011201001001	墙面一般抹灰	240mm 厚砖墙，柱为 400mm×400mm 砖柱，内墙（柱）面抹石膏砂浆	m^2	254.06

【例 4-13】 某独立柱如图 4-12 所示，柱面用干粘石装饰，试求该独立柱装饰面的工程量。

【解】 清单工程量：

工程量＝0.6×6×4.8＝17.28(m^2)

【注释】0.6×6(多边形独立柱的截面周长)×4.8(多边形独立柱的高度)为多边形独立柱的表面积；工程量按设计图示尺寸以面积计算。

清单工程量计算见下表 4-23。

表 4-23　　清单工程量计算表

项目编码	项目名称	项目特征描述	计量单位	工程量
011202002001	柱、梁面装饰抹灰	正六边形独立柱用干粘石装饰	m^2	17.28

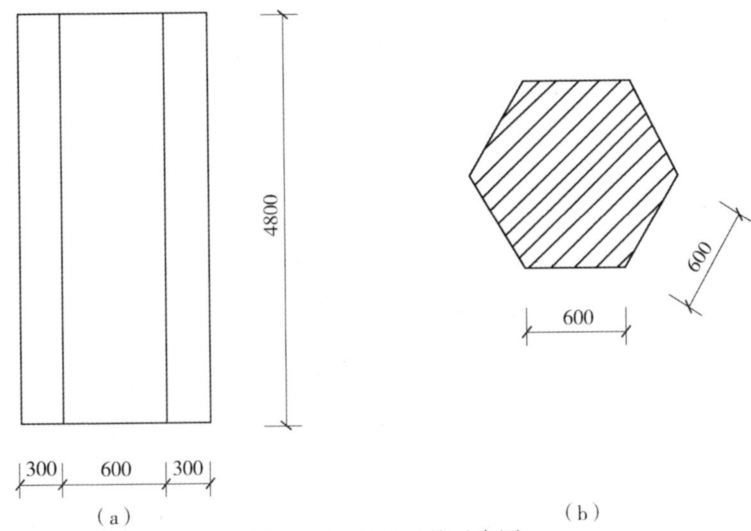

图 4-12　某独立柱示意图

(a) 立面图；(b) 平面图

【例 4-14】 如图 4-13 所示某独立柱，柱面用水泥砂浆勾缝，试求独立柱面勾缝的工程量。

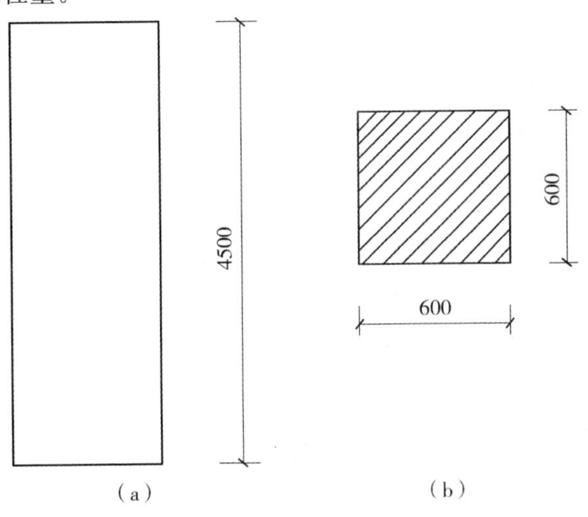

图 4-13　某独立柱示意图

(a) 立面图；(b) 平面图

【解】 清单工程量：

工程量＝0.6×4×4.5＝10.80(m^2)

【注释】0.6×4(柱的截面周长)×4.5(柱的高度)为独立柱的表面积；工程量按设计图示尺寸以面积计算。

清单工程量计算见表 4-24。

表 4-24 清单工程量计算表

项目编码	项目名称	项目特征描述	计量单位	工程量
011202004001	柱面勾缝	独立柱柱面用水泥砂浆勾缝	m^2	10.80

【例 4-15】 如图 4-14 所示，计算铝合金玻璃隔断的工程量。

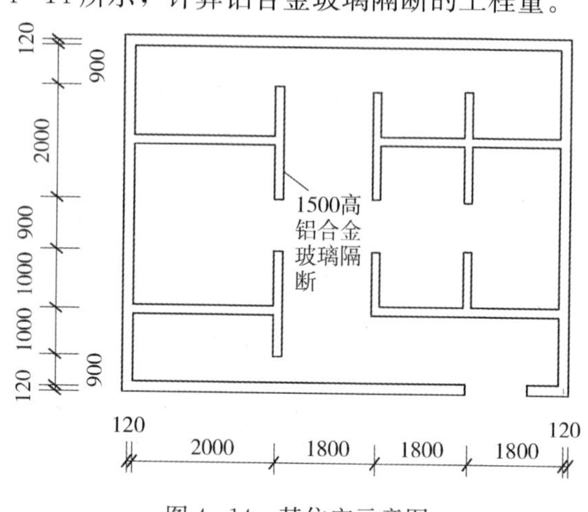

图 4-14 某住宅示意图

【解】 清单工程量：

工程量= $[(2+3.6)\times 2+(1-0.12)\times 10]\times 1.5$

$=30.00(m^2)$

【注释】$(2+3.6)\times 2+(1-0.12)\times 10$（十个铝合金玻璃隔断短边的长度，0.12 为半墙厚度）为铝合金玻璃隔断的总长度；1.5 为隔断的高度。

清单工程量计算见表 4-25。

表 4-25 清单工程量计算表

项目编码	项目名称	项目特征描述	计量单位	工程量
011210003001	玻璃隔断	高 1500mm 铝合金玻璃隔断	m^2	30.00

【例 4-16】 如图 4-15 所示，求带骨架全玻璃幕墙工程量。

【解】 清单工程量：

工程量 $=9.6\times 5.4=51.84(m^2)$

【注释】带骨架玻璃幕墙，工程量按设计图示框外围尺寸以面积计算，不扣除同材质的窗户所占面积。9.6×5.4 为带骨架全玻璃幕墙的长度乘以高度。

清单工程量计算见表 4-26。

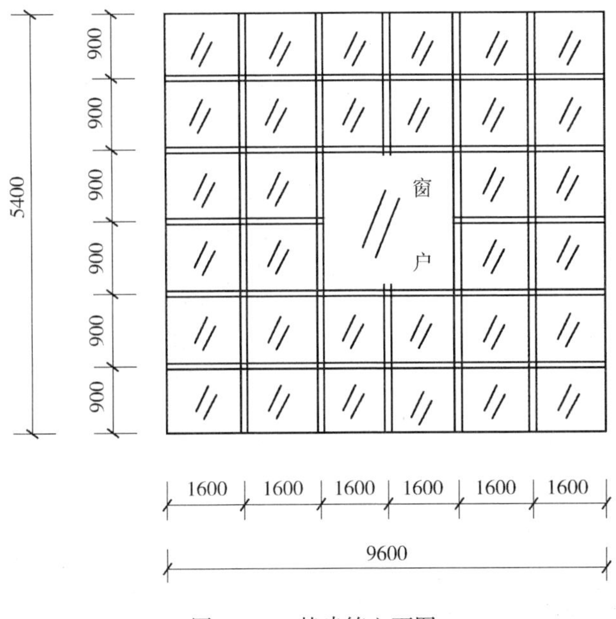

图 4－15　某建筑立面图

表 4－26　　　　　　**清单工程量计算表**

项目编码	项目名称	项目特征描述	计量单位	工程量
011209001001	带骨架幕墙	带骨架全玻璃幕墙	m^2	51.84

【例 4－17】 如图 4－16 所示，计算全玻幕墙的工程量。

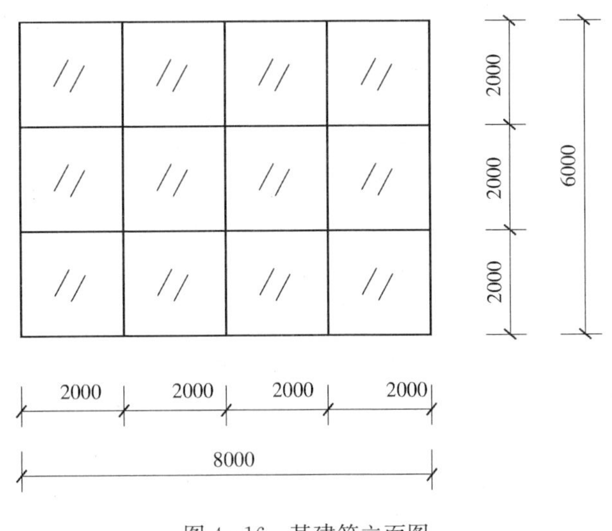

图 4－16　某建筑立面图

【解】清单工程量：

工程量=8×6=48.00(m^2)

【注释】8×6为全玻幕墙的长度乘以高度。

清单工程量计算见表4-27。

表4-27 清单工程量计算表

项目编码	项目名称	项目特征描述	计量单位	工程量
011209002001	全玻（无框玻璃）幕墙	全玻璃幕墙	m^2	48.00

【例4-18】某壁柜如图4-17所示，壁柜内表面采用一般抹灰，试求壁柜抹灰的工程量。

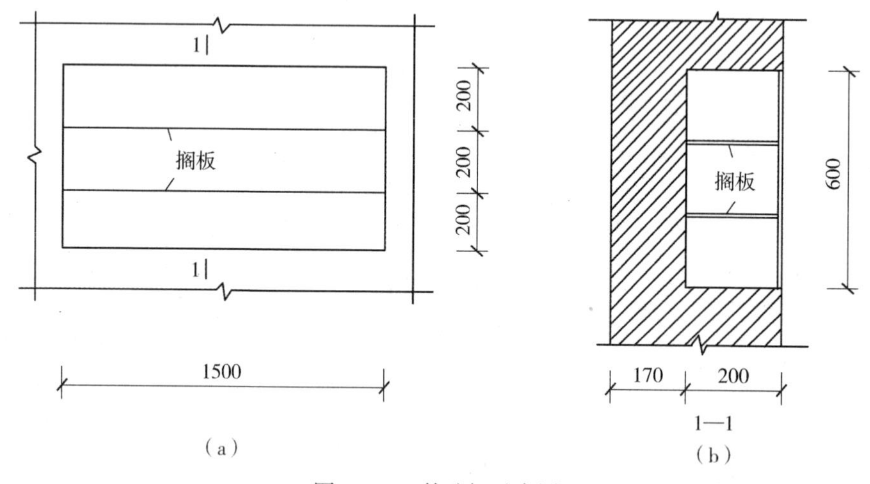

图4-17 某壁柜示意图

(a) 立面图；(b) 1—1剖面图

【解】清单工程量：

1.5×0.2×2+0.6×0.2×2+1.5×0.6=1.74(m^2)

【注释】1.5（壁柜的长度）×0.2×2为壁柜中上下壁的壁柜宽度乘以壁柜的长度；0.6×0.2×2为壁柜两个侧面的壁柜宽度乘以壁柜高度；1.5×0.6为壁柜里面侧面的长度乘以高度；工程量按设计图示尺寸以侧面面积计算。

清单工程量计算见表4-28。

表4-28 清单工程量计算表

项目编码	项目名称	项目特征描述	计量单位	工程量
011203001001	零星项目一般抹灰	壁柜内表面采用一般抹灰	m^2	1.74

【例4-19】某住宅楼如图4-18所示，住宅外墙表面采用拼碎石材装饰，试求该住宅楼外墙面装饰工程的工程量。

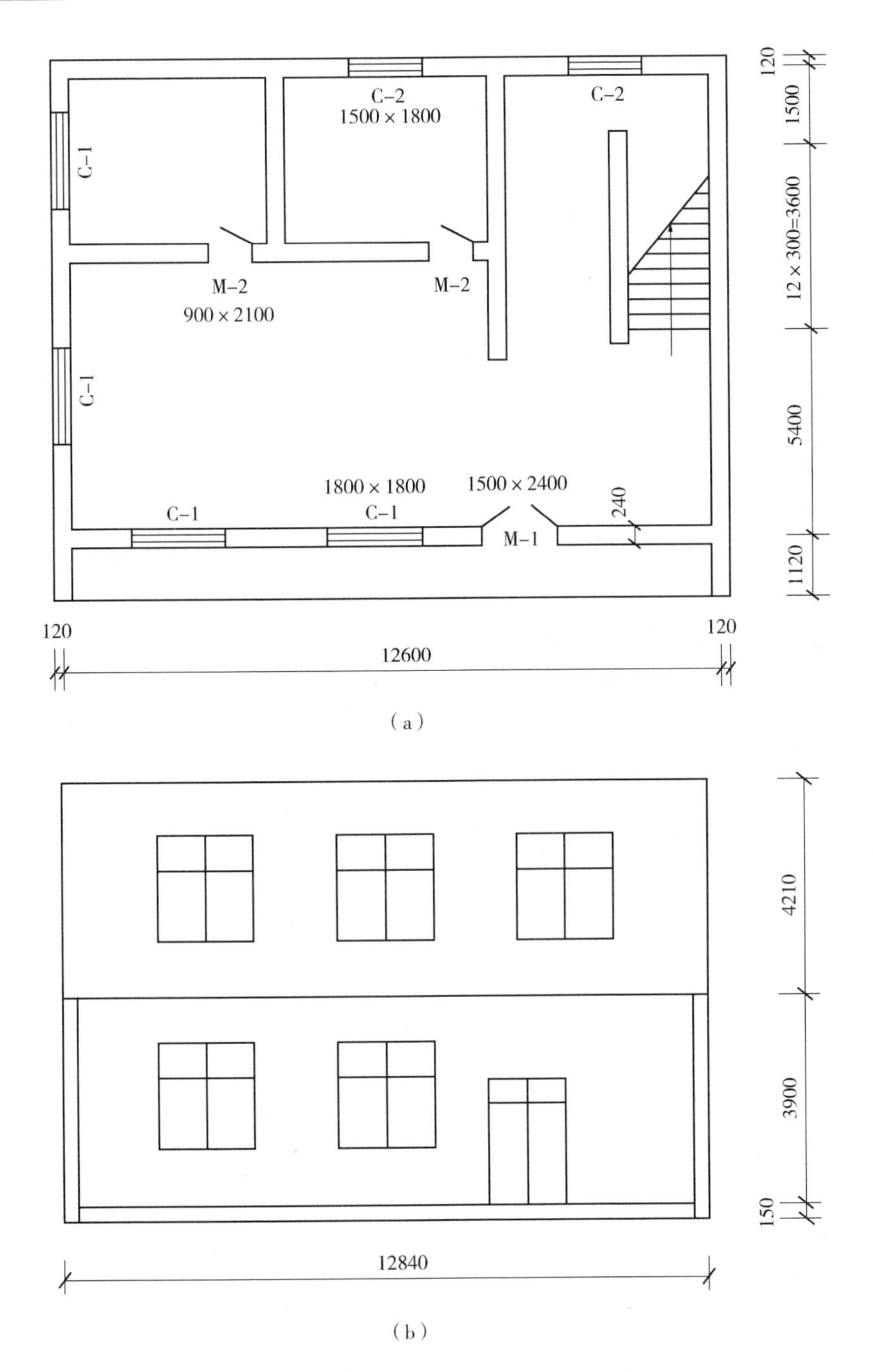

图 4 - 18　某住宅示意图
(a) 平面图；(b) 正立面图

【解】 清单工程量：

工程量＝[(3.9＋0.15＋4.21)×(11.74×2＋12.84)＋1.0×3.9×2＋(12.6－0.24)×3.9－1.8×1.8×9－1.5×1.8×4－1.5×2.4]＋0.24×4.05×2＋12.84×4.2

＝367.96(m^2)

【注释】 (3.9＋0.15＋4.21)为外墙的高度；(11.74×2＋12.84)为三个侧面外墙的长度加两侧宽度；1.0(侧面外墙的宽度)×3.9（一层外墙的高度)×2为一层门口部两个外墙侧面面积；(12.6－0.24)×3.9为一层处外墙的长度乘以高度；0.24为墙厚度；1.8×1.8×9为九个窗户1的截面积；1.5×1.8×4为四个窗户2的截面积；1.5×2.4为门1的截面积；12.84×4.2为二层外墙的一个侧面的截面积；工程量按设计图示尺寸以面积计算。

清单工程量计算见表4-29。

表4-29　　清单工程量计算表

项目编码	项目名称	项目特征描述	计量单位	工程量
011204002001	拼碎石材墙面	住宅外墙表面采用拼碎石材装饰	m^2	367.96

【例4-20】 如图4-19所示为某厨房示意图，厨房下部墙面作墙裙，高1.5m，上部墙面用803内墙涂料装饰，墙裙用瓷板（或文化石）装饰，试求墙裙装饰工程的工程量。

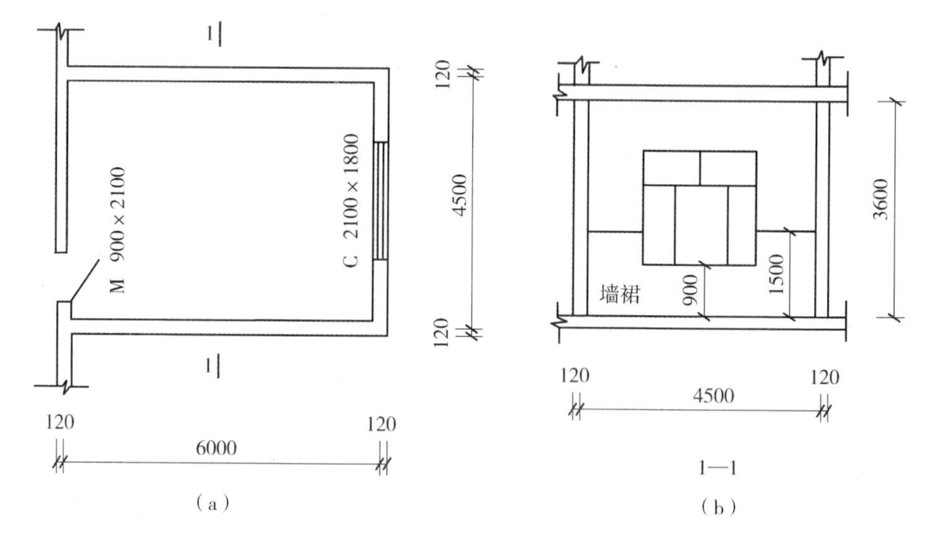

图4-19　某厨房示意图

(a) 平面图；(b) 侧立面图

【解】清单工程量：

$$工程量=[(4.5-0.12\times2)\times2+(6-0.12\times2)\times2]\times1.5-0.9\times1.5-(1.5-0.9)\times2.1$$
$$=27.45(m^2)$$

【注释】(4.5－0.12×2)×2 为厨房内两侧的宽度；(6－0.12×2)×2 为厨房内两侧的长度；1.5 为墙裙的高度；0.9×1.5 为门口墙裙空洞部分；(1.5－0.9)×2.1 为窗户处墙裙空洞部分；工程量按设计图示 尺寸以面积计算。

清单工程量计算见表 4-30。

表 4-30　　清单工程量计算表

项目编码	项目名称	项目特征描述	计量单位	工程量
011204003001	块料墙面	厨房下部墙面作墙裙，墙裙用瓷板装饰，高 1.5m	m^2	27.45

【例 4-21】某柱如图 4-20 所示，共有 8 根，柱镶贴石材面料，求其石材柱面工程量。

【解】清单工程量：

$$工程量=0.5\times4\times4\times8=64.00(m^2)$$

【注释】0.5(柱子的截面尺寸)×4（柱子的四个侧面)×4（柱子的高度)×8 为八根柱子的表面积。

清单工程量计算见表 4-31。

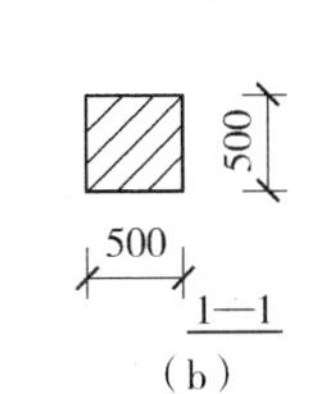

图 4-20　某柱示意图

(a) 立面图；(b) 1—1 剖面图

表 4-31　　清单工程量计算表

项目编码	项目名称	项目特征描述	计量单位	工程量
011205001001	石材柱面	500mm×500mm 的方柱镶贴石材面料	m^2	64.00

【例 4-22】如图 4-20 所示，某柱 6 根，柱面采用拼碎石材柱面，求其工程量。

【解】清单工程量：

$$工程量=0.5\times4\times4\times6=48.00(m^2)$$

【注释】0.5（柱子的截面尺寸)×4(柱子的四个侧面)×4(柱子的高度)×6 为六根柱子的表面积。

清单工程量计算见表 4-32。

表 4-32　　清单工程量计算表

项目编码	项目名称	项目特征描述	计量单位	工程量
011205003001	拼碎块柱面	500mm×500mm 的方柱采用拼碎石材柱面	m^2	48.00

【例 4-23】 如图 4-21 所示，某梁示意图，采用块料梁面，试求其工程量。

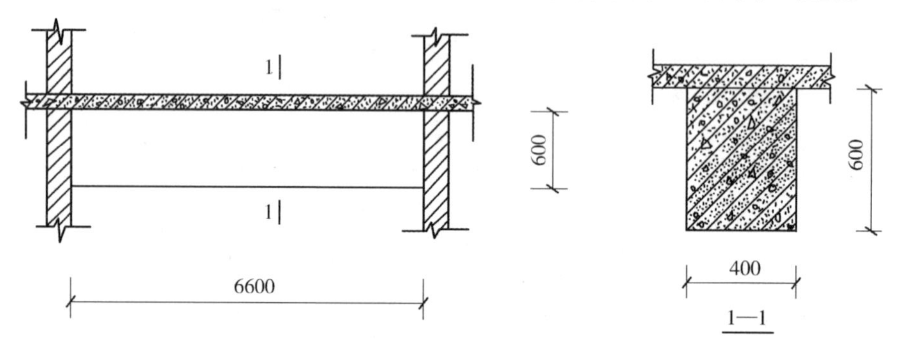

图 4-21　某梁示意图
(a) 立面图；(b) 剖面图

【解】 清单工程量：

工程量＝(0.4＋0.6×2)×6.6＝10.56(m^2)

【注释】(0.4＋0.6×2) 为梁的截面周长；6.6 为梁的长度；工程量按设计图示尺寸以面积计算。

清单工程量计算见表 4-33。

表 4-33　　清单工程量计算表

项目编码	项目名称	项目特征描述	计量单位	工程量
011205005001	块料梁面	400mm×600mm 的块料梁面	m^2	10.56

【例 4-24】 已知如图 4-22 所示木隔断，计算工程量。

【解】 清单工程量：

隔断工程量：S＝4.6×3.2＝14.72(m^2)

【注释】4.6×3.2 为隔断的长度乘以高度；工程量按设计图示尺寸以面积计算。

清单工程量计算见表 4-34。

表 4-34　　清单工程量计算表

项目编码	项目名称	项目特征描述	计量单位	工程量
011210001001	木隔断	木隔断	m^2	14.72

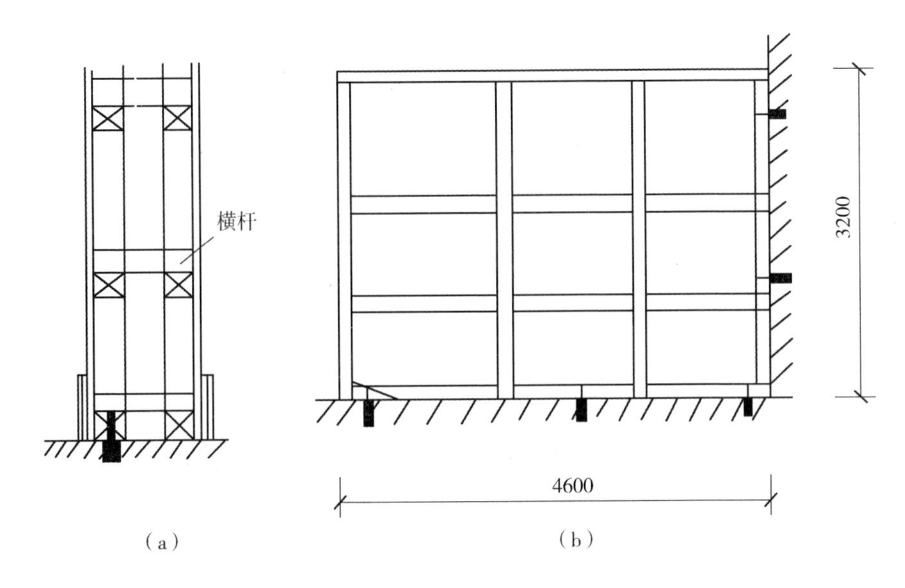

图 4-22　木隔断示意图
(a) 立面图；(b) 平面图

【例 4-25】 某柱如图 4-23 所示，独立柱面抹石灰砂浆，试求其工程量。

【解】 清单工程量：

下部棱柱的侧面积：0.4(柱子的截面尺寸)×4(四个侧面)×4.5(下部棱柱的高度)=7.2(m^2)

上部棱台的侧面积：$\frac{1}{2}$×(0.4+0.4+0.3×2)(上部棱台的侧面的上底加下底之和除以二)×$\sqrt{0.3^2+0.4^2}$(上部棱台的侧面的高度)×4(四个侧面)=1.4(m^2)

故独立柱抹灰面积：7.2+1.4=8.6(m^2)

清单工程量计算见表 4-35。

表 4-35　**清单工程量计算表**

项目编码	项目名称	项目特征描述	计量单位	工程量
011202001001	柱面一般抹灰	独立柱面，抹石灰砂浆	m^2	8.60

【例 4-26】 某阳台如图 4-24 所示，阳台板下方有悬臂梁，试求阳台板底面的抹灰工程量。

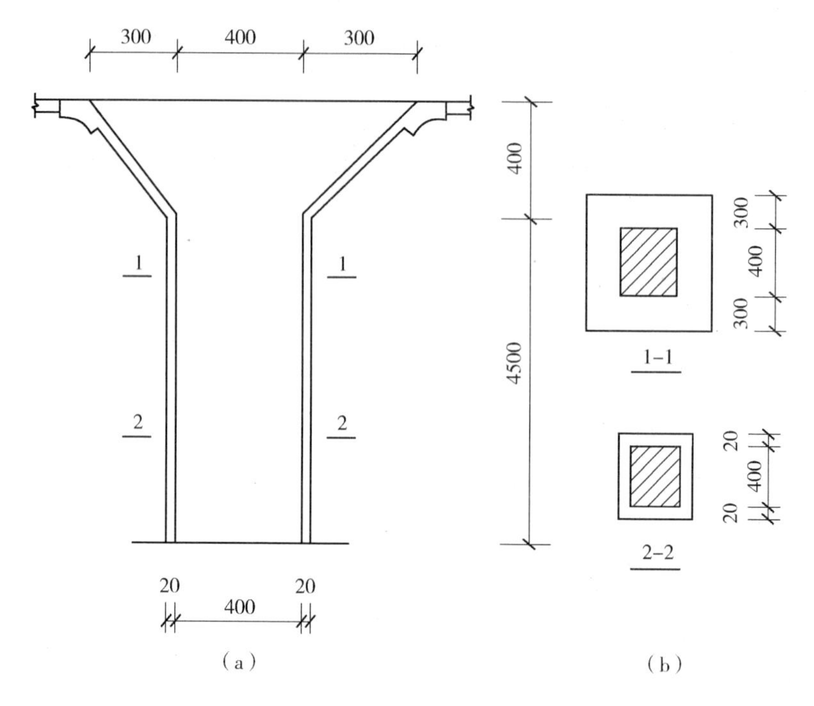

图 4-23 某混凝土独立柱示意图

(a) 断面图；(b) 剖面图

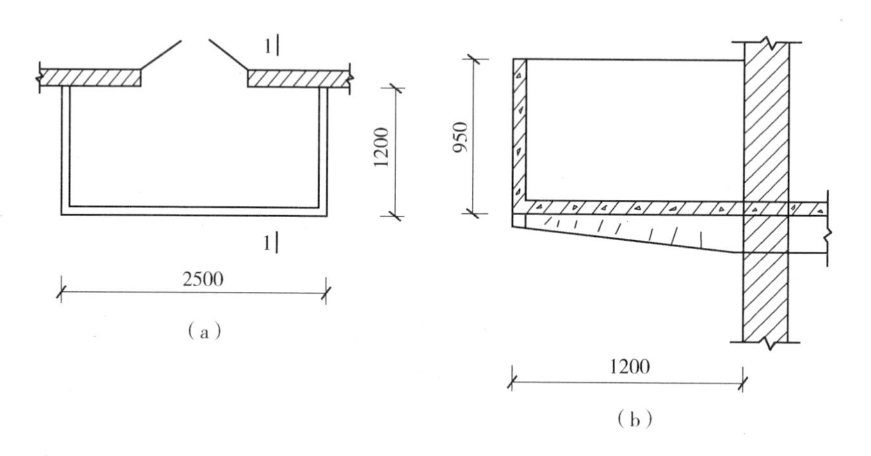

图 4-24 阳台示意图

(a) 平面图；(b) 1—1 剖面图

【解】 清单工程量：

阳台板底面的抹灰工程量：2.5×1.2×1.3=3.90(m^2)

【注释】 2.5×1.2×1.3 为阳台的长度乘以宽度乘以悬臂梁的侧面抹灰的修正

系数。

清单工程量计算见表 4-36。

表 4-36　　清单工程量计算表

项目编码	项目名称	项目特征描述	计量单位	工程量
011203001001	零星项目一般抹灰	阳台板板下方有悬壁梁，底面抹灰	m^2	3.90

【例 4-27】 如图 4-25 所示为某独立柱，柱面用木龙骨，基层十二夹板衬板，其上粘贴大理石板装饰，试求柱面装饰的工程量。

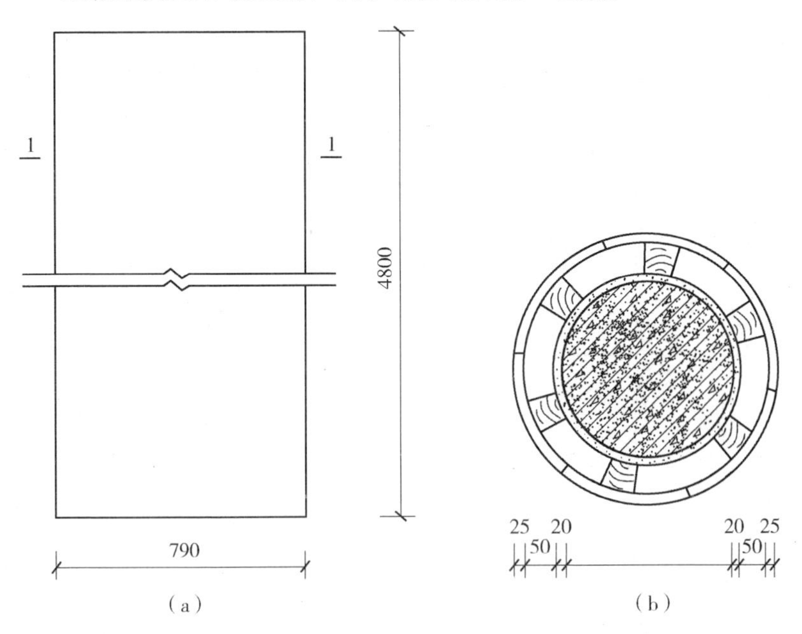

图 4-25　某独立柱示意图

(a) 某独立柱立面图；(b) 某独立柱 1—1 断面图

【解】 清单工程量：

柱饰面外围周长为：

$$3.14\times0.79=2.48(\text{m})$$

柱面装饰的工程量为：

$$2.48\times4.8=11.90(\text{m}^2)$$

【注释】 2.48×4.8 为柱饰面外围周长乘以柱的装饰高度。

清单工程量计算见表 4-37。

表 4-37　清单工程量计算表

项目编码	项目名称	项目特征描述	计量单位	工程量
011208001001	柱面装饰	独立圆柱，粘贴大理石板装饰，外围直径为 790mm。柱面用木龙骨基层十二夹板衬板	m^2	11.90

【例 4-28】 某银行营业大楼设计为铝合金玻璃幕墙，幕墙上带铝合金窗。图 4-26 为该幕墙立面简图。试计算工程量。

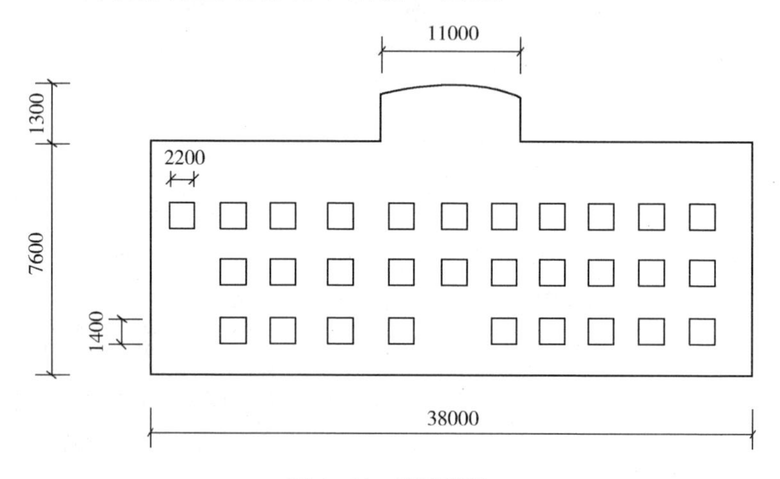

图 4-26　幕墙简图

【解】 清单工程量：

幕墙工程量：38×7.6+11×1.3=303.10(m^2)

【注释】38×7.6 为幕墙的长度乘以高度；11×1.3 为幕墙的顶部的长度乘以高度；工程量按设计图示尺寸以面积计算。

清单工程量计算见表 4-38。

表 4-38　清单工程量计算表

项目编码	项目名称	项目特征描述	计量单位	工程量
011209002001	全玻（无框玻璃）幕墙	铝合金玻璃幕墙	m^2	303.10

【例 4-29】 如图 4-27 所示，计算轻钢隔断工程量。

【解】 清单工程量：

轻钢龙骨隔断工程量计算如下：

工程量=3.9×15=58.50(m^2)

【注释】3.9×15 为轻钢龙骨隔断的高度乘以长度。

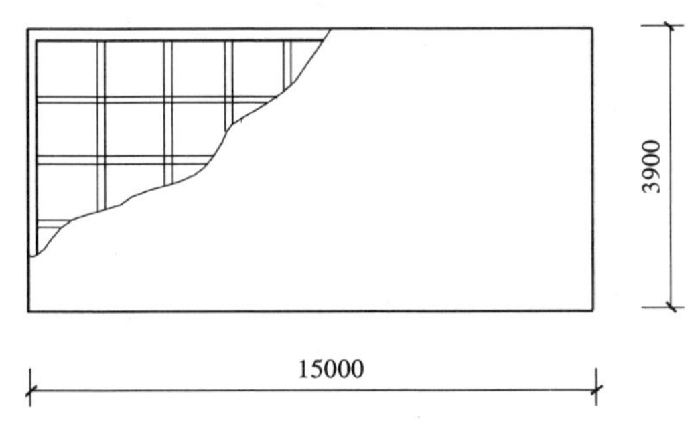

图 4-27　轻钢隔断示意图

清单工程量计算见表 4-39。

表 4-39　　**清单工程量计算表**

项目编码	项目名称	项目特征描述	计量单位	工程量
011210002001	金属隔断	轻钢龙骨隔断	m^2	58.50

【例 4-30】 如图 4-28、图 4-29 所示，求外墙裙镶贴大理石面层工程量（外墙裙高 1200mm）。

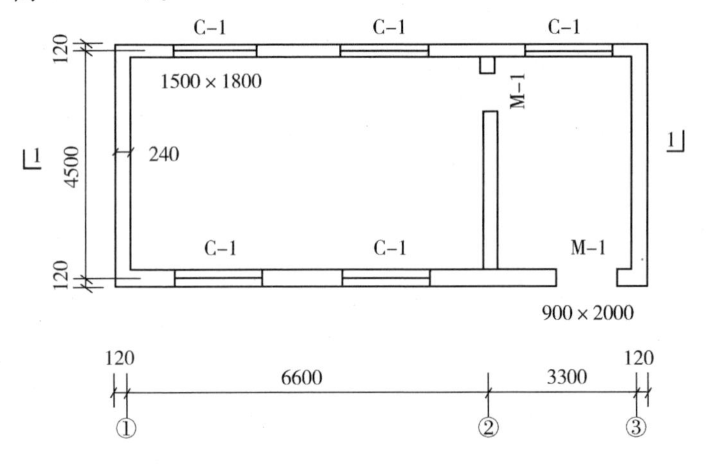

图 4-28　某工程平面示意图

【解】 清单工程量：

外墙裙工程量计算如下：

工程量＝(6.6＋3.3＋0.24＋4.5＋0.24)×2×1.2－0.9×1.2

＝34.63(m^2)

【注释】(6.6＋3.3＋0.24＋4.5＋0.24)×2 为外墙的外边线的周长，0.24 为墙厚度，4.5 外墙为宽度，(6.6＋3.3) 为外墙的长度；1.2 为外墙裙高的高度，0.9 为门的宽度。

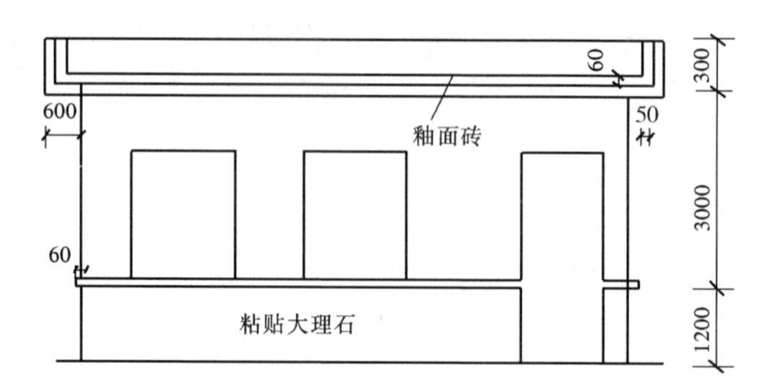

图 4-29　某工程立面示意图

清单工程量计算见表 4-40。

表 4-40　　**清单工程量计算表**

项目编码	项目名称	项目特征描述	计量单位	工程量
011204001001	石材墙面	外墙裙镶贴大理石面层	m^2	34.63

第五章 天 棚 工 程

一、天棚工程清单工程量计算规范

1. 天棚抹灰

天棚抹灰工程量清单项目设置及工程量计算规则应按表5-1的规定执行。

表5-1 **天棚抹灰**（编码：011301）

项目编码	项目名称	项目特征	计量单位	工程量计算规则	工程内容
011301001	天棚抹灰	1. 基层类型 2. 抹灰厚度、材料种类 3. 砂浆配合比	m^2	按设计图示尺寸以水平投影面积计算。不扣除间壁墙、垛、柱、附墙烟囱、检查口和管道所占的面积，带梁天棚、梁两侧抹灰面积并入天棚面积内，板式楼梯底面抹灰按斜面积计算，锯齿形楼梯底板抹灰按展开面积计算	1. 基层清理 2. 底层抹灰 3. 抹面层

2. 天棚吊顶

天棚吊顶工程量清单项目设置及工程量计算规则应按表5-2的规定执行。

3. 天棚其他装饰

天棚其他装饰工程量清单项目设置及工程量计算规则应按表5-3的规定执行。

表 5-2 **天棚吊顶**（编码：011302）

项目编码	项目名称	项目特征	计量单位	工程量计算规则	工程内容
011302001	吊顶天棚	1. 吊顶形式、吊杆规格、高度 2. 龙骨材料种类、规格、中距 3. 基层材料种类、规格 4. 面层材料品种、规格 5. 压条材料种类、规格 6. 嵌缝材料种类 7. 防护材料种类	m^2	按设计图示尺寸以水平投影面积计算。天棚面中的灯槽及跌级、锯齿形、吊挂式、藻井式天棚面积不展开计算。不扣除间壁墙、检查口、附墙烟囱、柱垛和管道所占面积，扣除单个大于 $0.3m^2$ 的孔洞、独立柱及与天棚相连的窗帘盒所占的面积	1. 基层清理、吊杆安装 2. 龙骨安装 3. 基层板铺贴 4. 面层铺贴 5. 嵌缝 6. 刷防护材料
011302002	格栅吊顶	1. 龙骨材料种类、规格、中距 2. 基层材料种类、规格 3. 面层材料品种、规格 4. 防护材料种类		按设计图示尺寸以水平投影面积计算	1. 基层清理 2. 安装龙骨 3. 基层板铺贴 4. 面层铺贴 5. 刷防护材料

表 5-3 **天棚其他装饰**（编码：011304）

项目编码	项目名称	项目特征	计量单位	工程量计算规则	工程内容
011304001	灯带(槽)	1. 灯带型式、尺寸 2. 格栅片材料品种、规格 3. 安装固定方式	m^2	按设计图示尺寸以框外围面积计算	安装、固定
011304002	送风口、回风口	1. 风口材料品种、规格 2. 安装固定方式 3. 防护材料种类	个	按设计图示数量计算	1. 安装、固定 2. 刷防护材料

二、工程算量示例

【例 5-1】 如图 5-1 所示，设计要求做吸音板天棚面层，试求其工作量。

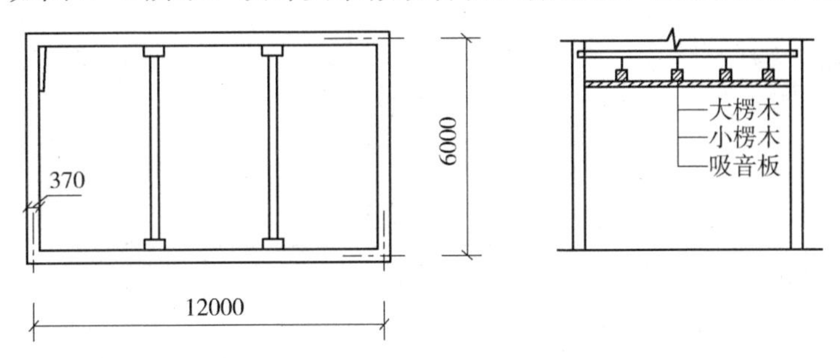

图 5-1　方木楞天棚骨架和面层示意图

【解】 清单工程量：

天棚面层工程量＝(12－0.24)×(6－0.24)＝67.74(m^2)

【注释】 天棚面层工程量按设计图示尺寸以面积计算，12 表示天棚面层的长度，6 为天棚面层的宽度，0.24 为两边的墙厚。

清单工程量计算见表 5-4。

表 5-4　　**清单工程量计算表**

项目编码	项目名称	项目特征描述	计量单位	工程量
011302001001	吊顶天棚	1. 吸音板天棚面层 2. 龙骨为大楞木、小楞木	m^2	67.74

【例 5-2】 如图 5-2 所示，试求井字梁天棚抹石灰砂浆工程量。

【解】 清单工程量：

主墙间水平投影面积＝(9－0.24)×(6－0.24)＝50.46(m^2)

【注释】 9 表示主墙间纵向长，6 表示主墙间横向长，0.24 为主墙间两个半墙的厚度即为 0.12×2。

主梁侧面展开面积＝(9－0.24－0.2×2)×(0.7－0.1)×2×2＋0.2×(0.7－0.3)×2×4
＝20.06＋0.64＝20.70(m^2)

【注释】 9 为主梁的长度，0.24 为主梁两边的半墙厚，0.2×2 表示主梁长中包含的两个次梁的宽度，0.7 表示主梁的高度，0.1 为板的厚度，第一个 2 表示主梁的两侧面，第二个 2 表示主梁的个数，0.2×(0.7－0.3)×2×4 表示主梁与次梁相交处主梁多出的面积。

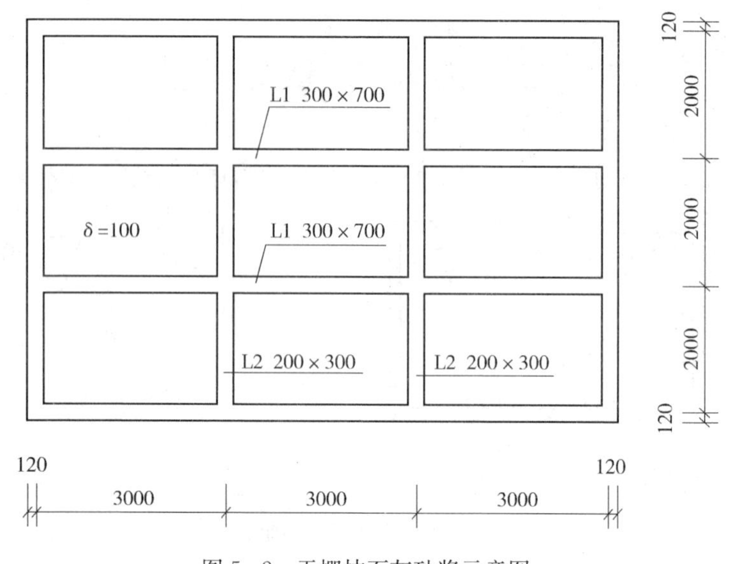

图 5-2 天棚抹石灰砂浆示意图

次梁展开面积＝(6－0.24－0.3×2)×(0.3－0.1)×2×2
＝4.13(m²)

【注释】6 表示次梁的长度，0.24 为两个半墙的厚度，0.3×2 表示次梁长中包括的两个主梁的宽度，0.3 为次梁的高度，0.1 仍为板的厚度，第一个 2 表示次梁的两个侧面，第二个 2 表示次梁的个数。

合计：50.46＋20.70＋4.13＝75.29(m²)

【注释】50.46 为主墙间天棚抹灰的面积，20.70 为主梁侧面展开的面积，4.13为次梁展开的面积。

清单工程量计算见表 5-5。

表 5-5　　清单工程量计算表

项目编码	项目名称	项目特征描述	计量单位	工程量
011301001001	天棚抹灰	井字梁天棚抹石灰砂浆	m²	75.29

【例 5-3】 如图 5-3 所示，为一级天棚吊顶，方木楞直接搁置在砖墙上。试求此方木楞的工程量。

【解】 清单工程量：

工程量＝天棚的面积＝3.26×4.5＝14.67(m²)

【注释】天棚吊顶工程量按设计图示尺寸以水平投影面积计算，3.26 为天棚吊顶的水平投影宽度，4.5 为天棚吊顶的水平投影长度。

清单工程量计算见表 5-6。

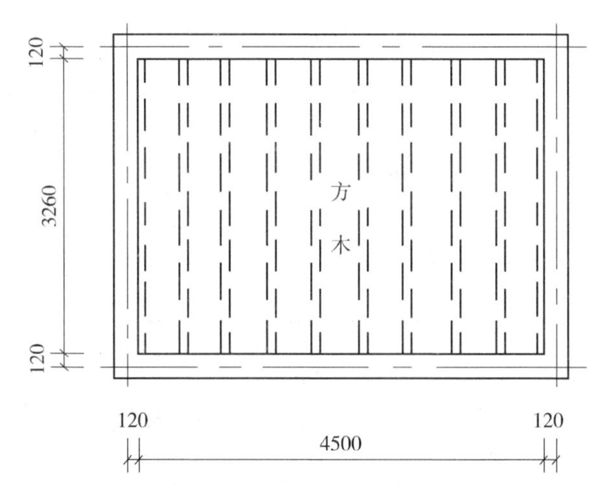

图 5-3　天棚吊顶方木楞示意图

表 5-6　　清单工程量计算表

项目编码	项目名称	项目特征描述	计量单位	工程量
011302002001	格栅吊顶	方木楞吊顶	m^2	14.67

【例 5-4】如图 5-4 所示，计算铝合金送风口和回风口工程量。

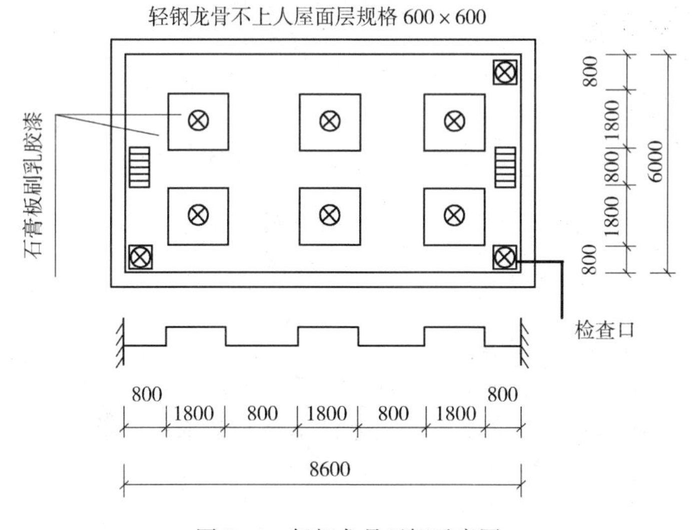

图 5-4　轻钢龙骨天棚示意图

【解】清单工程量：

铝合金送风口 400mm×600mm：1×2=2(个)

铝合金回风口 400mm×400mm：1×2=2(个)

【注释】送风口、回风口的工程量按设计图示数量计算，2 表示铝合金送风口、回风口的个数。

清单工程量计算见表 5-7。

表 5-7　清单工程量计算表

序号	项目编码	项目名称	项目特征描述	计量单位	工程量
1	011304002001	送风口、回风口	铝合金送风口 400mm×600mm	个	2
2	011304002002	送风口、回风口	铝合金回风口 400mm×600mm	个	2

【例 5-5】某办公室天棚吊顶如图 5-5 所示：已知顶棚采用不上人装配式 V 形轻钢龙骨石膏板，面层规格为 600mm×600mm，试求天棚吊顶工程量。

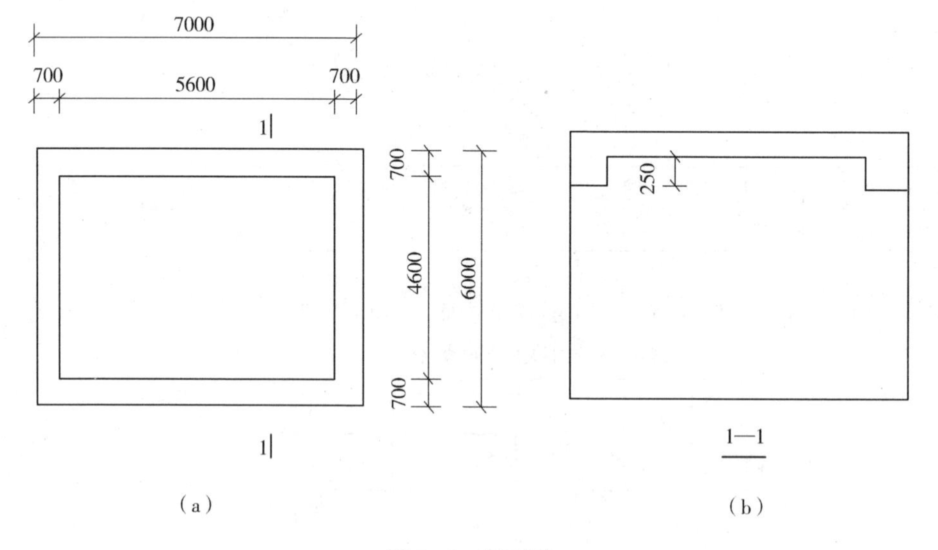

图 5-5　平面图

(a) 平面图；(b) 1—1 剖面图

【解】清单工程量：

(1) 轻钢龙骨天棚工程量：

$$F=6\times7=42.00(m^2)$$

【注释】天棚吊顶工程量按设计图示尺寸以水平投影面积计算，6 表示天棚水平投影宽度，7 表示天棚水平投影长度。

(2) 石膏板面层工程量：

$$F=7\times6+0.25\times(4.6+5.6)\times2=47.10(m^2)$$

【注释】7×6 表示石膏板底层面层的面积，(4.6+5.6)×2 表示中间矩形的周长，其中 4.6 表示矩形的宽度，5.6 表示中间矩形的长度，0.25 表示中间矩形吊顶面层的高度。

清单工程量计算见表 5-8。

表 5-8　清单工程量计算表

项目编码	项目名称	项目特征描述	计量单位	工程量
011302001001	吊顶天棚	不上人装配式V形轻钢龙骨石骨板，面层规格为 600mm×600mm	m^2	42.00

【例 5-6】某酒店为庆祝一宴会，安装铝合金灯带，如图 5-6 所示，求其工程量。

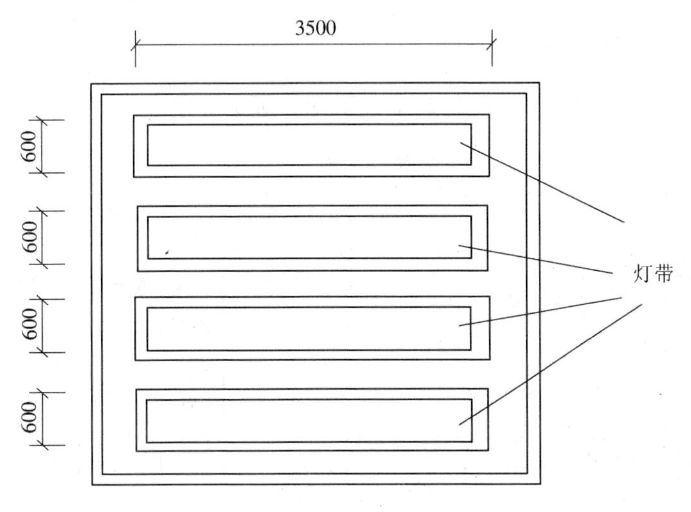

图 5-6　灯带

【解】清单工程量：

工程量＝0.6×3.5＝2.10(m^2)

则总的清单工程量：2.1×4＝8.40(m^2)

【注释】0.6 表示灯带的框外围宽度，3.5 表示灯带框外围的长度，即 2.10 表示一个灯带的面积，4 表示灯带的个数。

清单工程量计算见表 5-9。

表 5-9　清单工程量计算表

项目编码	项目名称	项目特征描述	计量单位	工程量
011304001001	灯带（槽）	酒店安装铝合金灯带	m^2	8.40

第六章　油漆、涂料、裱糊工程

一、油漆、涂料、裱糊工程清单工程量计算规范

1. 门油漆

门油漆工程量清单项目设置及工程量计算规则应按表 6－1 的规定执行。

表 6－1　　　　**门油漆**（编码：011401）

<table>
<tr><th>项目编码</th><th>项目名称</th><th>项目特征</th><th>计量单位</th><th>工程量计算规则</th><th>工程内容</th></tr>
<tr><td>011401001</td><td>木门油漆</td><td rowspan="2">1. 门类型
2. 门代号及洞口尺寸
3. 腻子种类
4. 刮腻子遍数
5. 防护材料种类
6. 油漆品种、刷漆遍数</td><td rowspan="2">1. 樘
2. m^2</td><td rowspan="2">1. 以樘计量，按设计图示数量计量
2. 以平方米计量，按设计图示洞口尺寸以面积计算</td><td>1. 基层清理
2. 刮腻子
3. 刷防护材料、油漆</td></tr>
<tr><td>011401002</td><td>金属门油漆</td><td>1. 除锈、基层清理
2. 刮腻子
3. 刷防护材料、油漆</td></tr>
</table>

2. 窗油漆

窗油漆工程量清单项目设置及工程量计算规则应按表 6－2 的规定执行。

表 6－2　　　　**窗油漆**（编码：011402）

<table>
<tr><th>项目编码</th><th>项目名称</th><th>项目特征</th><th>计量单位</th><th>工程量计算规则</th><th>工程内容</th></tr>
<tr><td>011402001</td><td>木窗油漆</td><td rowspan="2">1. 窗类型
2. 窗代号及洞口尺寸
3. 腻子种类
4. 刮腻子遍数
5. 防护材料种类
6. 油漆品种、刷漆遍数</td><td rowspan="2">1. 樘
2. m^2</td><td rowspan="2">1. 以樘计量，按设计图示数量计量
2. 以平方米计量，按设计图示洞口尺寸以面积计算</td><td>1. 基层清理
2. 刮腻子
3. 刷防护材料、油漆</td></tr>
<tr><td>011402002</td><td>金属窗油漆</td><td>1. 除锈、基层清理
2. 刮腻子
3. 刷防护材料、油漆</td></tr>
</table>

3. 木扶手及其他板条、线条油漆

木扶手及其他板条、线条油漆工程量清单项目设置及工程量计算规则应按表6-3的规定执行。

表6-3　　**木扶手及其他板条、线条油漆**（编码：011403）

项目编码	项目名称	项目特征	计量单位	工程量计算规则	工程内容
011403001	木扶手油漆	1. 断面尺寸 2. 腻子种类 3. 刮腻子遍数 4. 防护材料种类 5. 油漆品种、刷漆遍数	m	按设计图示尺寸以长度计算	1. 基层清理 2. 刮腻子 3. 刷防护材料、油漆
011403002	窗帘盒油漆				
011403003	封檐板、顺水板油漆				
011403004	挂衣板、黑板框油漆				
011403005	挂镜线、窗帘棍、单独木线油漆				

4. 木材面油漆

木材面油漆工程量清单项目设置及工程量计算规则应按表6-4的规定执行。

表6-4　　**木材面油漆**（编码：011404）

项目编码	项目名称	项目特征	计量单位	工程量计算规则	工程内容
011404001	木护墙、木墙裙油漆	1. 腻子种类 2. 刮腻子遍数 3. 防护材料种类 4. 油漆品种、刷漆遍数	m^2	按设计图示尺寸以面积计算	1. 基层清理 2. 刮腻子 3. 刷防护材料、油漆
011404002	窗台板、筒子板、盖板、门窗套、踢脚线油漆				
011404003	清水板条天棚、檐口油漆				
011404004	木方格吊顶天棚油漆				
011404005	吸音板墙面、天棚面油漆				
011404006	暖气罩油漆				
011404007	其他木材面				
011404008	木间壁、木隔断油漆			按设计图示尺寸以单面外围面积计算	

续表

<table>
<tr><th>项目编码</th><th>项目名称</th><th>项目特征</th><th>计量单位</th><th>工程量计算规则</th><th>工程内容</th></tr>
<tr><td>011404009</td><td>玻璃间壁露明墙筋油漆</td><td rowspan="6">1. 腻子种类
2. 刮腻子遍数
3. 防护材料种类
4. 油漆品种、刷漆遍数</td><td rowspan="7">m^2</td><td rowspan="2">按设计图示尺寸以单面外围面积计算</td><td rowspan="5">1. 基层清理
2. 刮腻子
3. 刷防护材料、油漆</td></tr>
<tr><td>011404010</td><td>木栅栏、木栏杆（带扶手）油漆</td></tr>
<tr><td>011404011</td><td>衣柜、壁柜油漆</td><td rowspan="3">按设计图示尺寸以油漆部分展开面积计算</td></tr>
<tr><td>011404012</td><td>梁柱饰面油漆</td></tr>
<tr><td>011404013</td><td>零星木装修油漆</td></tr>
<tr><td>011404014</td><td>木地板油漆</td><td rowspan="2">按设计图示尺寸以面积计算。空洞、空圈、暖气包槽、壁龛的开口部分并入相应的工程量内</td><td rowspan="2">1. 基层清理
2. 烫蜡</td></tr>
<tr><td>011404015</td><td>木地板烫硬蜡面</td><td>1. 硬蜡品种
2. 面层处理要求</td></tr>
</table>

5. 金属面油漆

金属面油漆工程量清单项目设置及工程量计算规则应按表 6 - 5 的规定执行。

表 6 - 5　　金属面油漆（编码：011405）

项目编码	项目名称	项目特征	计量单位	工程量计算规则	工程内容
011405001	金属面油漆	1. 构件名称 2. 腻子种类 3. 刮腻子要求 4. 防护材料种类 5. 油漆品种、刷漆遍数	1. t 2. m^2	1. 以吨计量，按设计图示尺寸以质量计算 2. 以平方米计量，按设计展开面积计算	1. 基层清理 2. 刮腻子 3. 刷防护材料、油漆

6. 抹灰面油漆

抹灰面油漆工程量清单项目设置及工程量计算规则应按表 6 - 6 的规定执行。

表 6-6　　抹灰面油漆（编码：011406）

项目编码	项目名称	项目特征	计量单位	工程量计算规则	工程内容
011406001	抹灰面油漆	1. 基层类型 2. 腻子种类 3. 刮腻子遍数 4. 防护材料种类 5. 油漆品种、刷漆遍数 6. 部位	m^2	按设计图示尺寸以面积计算	1. 基层清理 2. 刮腻子 3. 刷防护材料、油漆
011406002	抹灰线条油漆	1. 线条宽度、道数 2. 腻子种类 3. 刮腻子遍数 4. 防护材料种类 5. 油漆品种、刷漆遍数	m	按设计图示尺寸以长度计算	

7. 喷刷涂料

喷刷涂料工程量清单项目设置及工程量计算规则应按表 6-7 的规定执行。

表 6-7　　喷刷涂料（编码：011407）

项目编码	项目名称	项目特征	计量单位	工程量计算规则	工程内容
011407001	墙面喷刷涂料	1. 基层类型 2. 喷刷涂料部位 3. 腻子种类 4. 刮腻子要求 5. 涂料品种、喷刷遍	m^2	按设计图示尺寸以面积计算	1. 基层清理 2. 刮腻子 3. 刷、喷涂料漆
011407002	天棚喷刷涂料				
011407003	空花格、栏杆刷涂料	1. 腻子种类 2. 刮腻子遍数 3. 涂料品种、刷喷遍数		按设计图示尺寸以单面外围面积计算	
011407004	线条刷涂料	1. 基层清理 2. 线条宽度 3. 刮腻子遍数 4. 刷防护材料、油漆	m	按设计图示尺寸以长度计算	

8. 裱糊

裱糊工程量清单项目设置及工程量计算规则应按表 6-8 的规定执行。

表 6-8 裱糊（编码：011408）

项目编码	项目名称	项目特征	计量单位	工程量计算规则	工程内容
011408001	墙纸裱糊	1. 基层类型 2. 裱糊部位 3. 腻子种类 4. 刮腻子遍数 5. 粘结材料种类 6. 防护材料种类 7. 面层材料品种、规格、颜色	m^2	按设计图示尺寸以面积计算	1. 基层清理 2. 刮腻子 3. 面层铺粘 4. 刷防护材料
011408002	织锦缎裱糊				

二、工程算量示例

【例 6-1】 假设下列双层木窗分别为 C_1-1518，1.5m×1.8m，37 樘；C_1-1508，1.5m×0.8m，2 樘；C_1-1208，1.2m×0.8m，4 樘；C_1-1218，1.2m×1.8m，25 樘，均刷调和漆两遍工程量。

【解】 清单工程量：

C_1-1518：37×1.5×1.8=99.9（m^2）

C_1-1508：2×1.5×0.8=2.4（m^2）

C_1-1208：4×1.2×0.8=3.84（m^2）

C_1-1218：25×1.2×1.8=54（m^2）

清单工程量计算见表 6-9。

表 6-9 清单工程量计算表

序号	项目编码	项目名称	项目特征描述	计量单位	工程量
1	011402001001	木窗油漆	双层木窗，刷调和漆两遍 C—1518	m^2	99.90
2	011402001002	木窗油漆	双层木窗，刷调和漆两遍 C—1508	m^2	2.40
3	011402001003	木窗油漆	双层木窗，刷调和漆两遍 C—1208	m^2	3.84
4	011402001004	木窗油漆	双层木窗，刷调和漆两遍 C—1218	m^2	54.00

【例 6-2】 试求木扶手长 16m 刷调和漆两遍工程量。

【解】 清单工程量：

木扶手刷调和漆工程量＝16.00m

【注释】木扶手清单工程量按延长米计算。

清单工程量计算见表 6-10。

表 6-10　　清单工程量计算表

项目编码	项目名称	项目特征描述	计量单位	工程量
011403001001	木扶手油漆	刷调和漆两遍	m	16.00

【例 6-3】 墙柱面分部工程如图 6-1 所示，假设该建筑的 M-1 和 M-2（均为单层木门）设计要求刷底油一遍、醇酸磁漆二遍，试求其工程量。

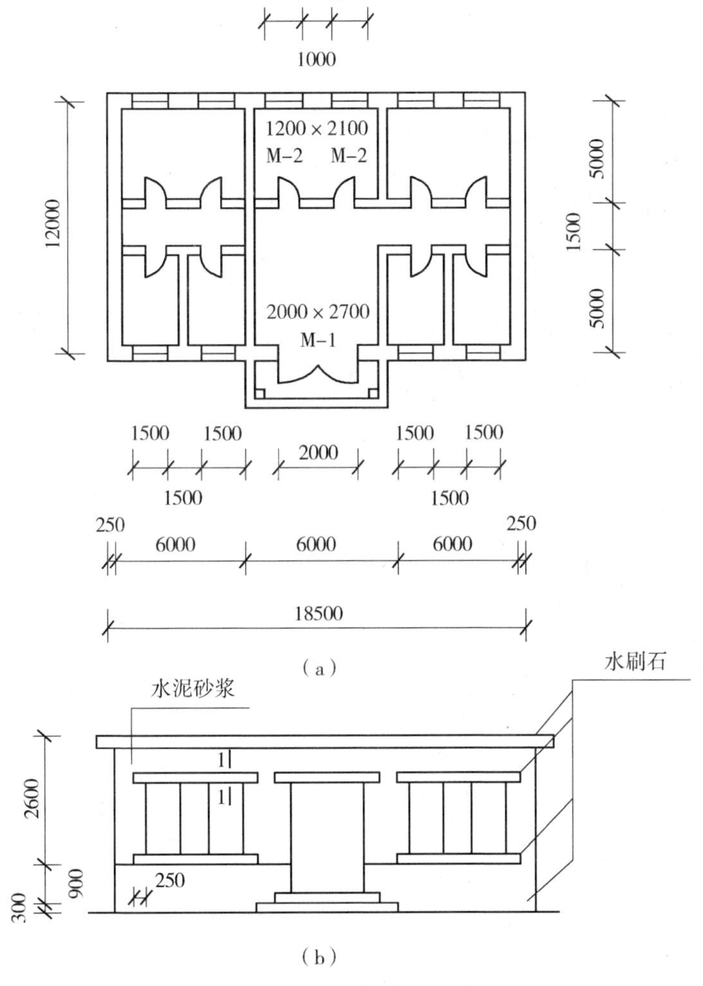

图 6-1　房间设计示意图
(a) 平面图；(b) 正立面图

【解】清单工程量：

M-1：2×2.7=5.4(m²)

M-2：1.2×2.1×10=25.2(m²)

【注释】木门油漆工程量按单面洞口面积计算，2 为 M-1 的宽度，2.7 为 M-1 的高度，1.2 为 M-2 的宽度，2.1 为 M-2 的高度，10 为门 M-2 的数量。

清单工程量计算见表 6-11。

表 6-11　清单工程量计算表

序号	项目编码	项目名称	项目特征描述	计量单位	工程量
1	011401001001	木门油漆	单层木门 M-1，刷底油一遍，调和漆两遍	m²	5.40
2	011401001002	木门油漆	单层木门 M-2，刷底油一遍，调和漆两遍	m²	25.20

【例 6-4】如图 6-2 和图 6-3 所示，试求楼梯栏杆圆钢（ϕ18）2kg/根，3/4in 钢管 1.63kg/根，刷防锈漆一遍，刷调和漆二遍的工程量。

【解】清单工程量：

圆钢（ϕ18）=(0.95−0.09×0.5−0.2)×(13+14×5+11)×2×2
=265.08(kg)

钢管（3/4in）=(0.705−0.15×2)×188 根×1.63
=124.11(kg)

合计：265.08+124.11=389.19(kg)=0.3892(t)

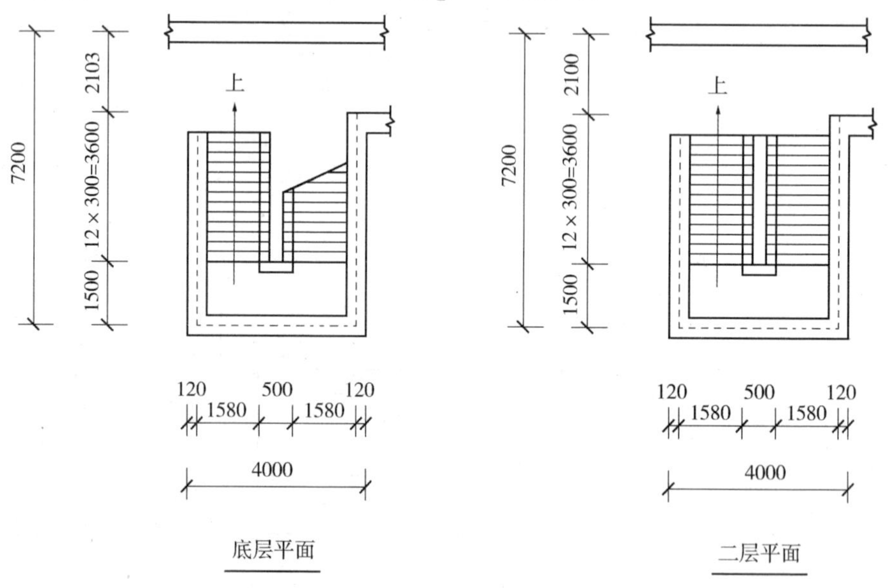

图 6-2　某工程栏杆示意图（一）

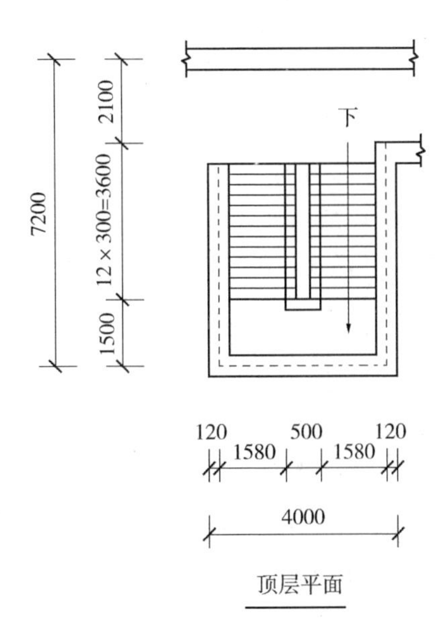

图 6-2　某工程栏杆示意图（二）

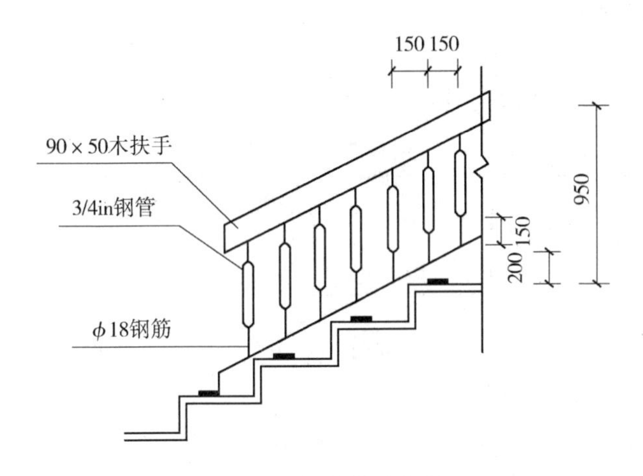

图 6-3　某楼梯示意图

【注释】0.95 为踏板顶面至木扶手中心线之间高度，0.09×0.5 为木扶手高度的一半，0.705 为圆钢的高度即（0.95−0.09×0.5−0.2），0.15 为钢管上下两端圆钢的长度。

清单工程量计算见表 6-12。

表 6-12　　　　清单工程量计算表

项目编码	项目名称	项目特征描述	计量单位	工程量
011405001001	金属面油漆	刷防锈漆一遍，刷醇酸磁漆两遍	t	0.389

【例6-5】某大厅内有圆柱三个，柱直径0.8m，柱高4.0m，一塑三油喷射点，试求柱喷塑的工程量。

【解】清单工程量：

柱喷塑的工程量：$S=3.14\times0.8\times4.0\times3=30.144(m^2)$

【注释】柱喷塑工程量按柱结构断面周长乘以柱高度以平方米计算。0.8为柱直径，4.0为柱高度，3为柱的数量。

清单工程量计算见表6-13。

表6-13　清单工程量计算表

项目编码	项目名称	项目特征描述	计量单位	工程量
011404012001	梁柱饰面油漆	圆柱，一塑三油喷塑，柱直径0.8m，柱高4.0m	m^2	30.14

【例6-6】假设包镀锌铁皮门为2100mm×1000mm（洞口尺寸），刷磷化、锌黄底漆各一遍，求工程量。

【解】清单工程量：

镀锌铁门油漆工程量$=2.1\times1.0=2.10(m^2)$

【注释】2.1为洞口的高度，1.0为洞口的宽度。

清单工程量计算见表6-14。

表6-14　清单工程量计算表

项目编码	项目名称	项目特征描述	计量单位	工程量
011401002001	金属门油漆	包镀锌铁皮门，洞口尺寸为2100mm×1000mm刷磷化，锌黄底漆各一遍	m^2	2.10

【例6-7】某住宅工程的木门窗明细表见表6-15，均刷乳白色调和漆两遍，试求门窗油漆的工程量。

表6-15　门窗明细表

编　号	规　格/(mm×mm)	类　型	数　量
M1	2400×2700	双层木门（单裁口）	4
M2	900×2100	单层木镶板门	200
C1	1500×1500	双层木窗（单裁口）	72
C2	1200×1500	木百叶窗	36
C3	900×600	双层木窗（单裁口）	16

【解】木门窗刷调和漆两遍的清单工程量。

门工程量$=2.4\times2.7\times4+0.9\times2.1\times200=403.92(m^2)$

窗工程量＝1.5×1.5×72＋1.2×1.5×36＋0.9×0.6×16

＝235.44(m²)

【注释】2.4为门洞M1的宽度，2.7为门高，4为门M1的数量，2.00为双层木门的工程量系数；0.9为门M2的宽度，2.1为门高，200为门M2的数量；1.5为双层窗户C1的宽度及高度，72为窗户C1的数量；1.2为窗户C2的宽度，1.5为其高度，36为窗户C2的数量；0.9为窗户C3的宽度，0.6为其高度，16为窗户C3的数量。

清单工程量计算见表6-16。

表6-16　　清单工程量计算表

项目编码	项目名称	项目特征描述	计量单位	工程量
011401001001	木门油漆	木门，刷乳白色调和油漆两遍	m²	403.92
011402001001	木窗油漆	木窗，刷乳白色调和漆两遍	m²	235.44

【例6-8】一樘双层普通钢窗（洞口尺寸为1.8m×1.5m），试求刷调和漆两遍工程量。

【解】清单工程量：

钢窗调和漆工程量＝1.8×1.5＝2.70(m²)

【注释】1.8为钢窗的宽度，1.5为钢窗的高度。

清单工程量计算见表6-17。

表6-17　　清单工程量计算表

项目编码	项目名称	项目特征描述	计量单位	工程量
011402002001	金属窗油漆	双层普通钢窗，刷调和漆两遍	m²	2.70

【例6-9】试求图6-4所示黑板框刷调和漆两遍的工程量。

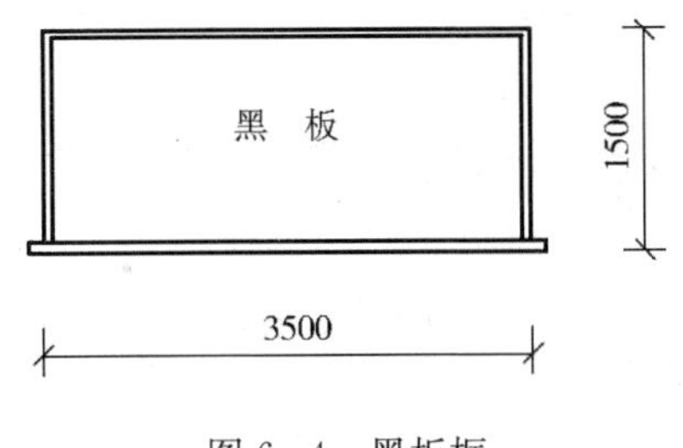

图6-4　黑板框

【解】清单工程量：

黑板框调和漆工程量＝(3.5＋1.5)×2＝10.00(m)

【注释】3.5为黑板宽度，1.5为黑板高度。

清单工程量计算见表 6-18。

表 6-18　清单工程量计算表

项目编码	项目名称	项目特征描述	计量单位	工程量
011403004001	挂衣板、黑板框油漆	黑板框，调和漆两遍	m	10.00

【例 6-10】求图 6-5 所示，试求二层楼梯间后房间为胶合木板天棚，刷润滑粉、刮腻子、调和漆两遍的工程量。

【解】清单工程量：

胶合板天棚调和漆两遍工程量＝(3.6－0.24)×(3.76－0.24)＝11.83(m^2)

【注释】天鹏油漆定额工程量按净面积计算，3.6 为轴线 6 与轴线 7 之间间距，0.24 为墙厚，3.76 为轴 1/B 与轴 D 之间间距即（2.26＋1.50）。

清单工程量计算见表 6-19。

表 6-19　清单工程量计算表

项目编码	项目名称	项目特征描述	计量单位	工程量
011404007001	其他木材面	胶合板天棚、刷润滑粉刻腻子、调和漆两遍	m^2	11.83

【例 6-11】如图 6-6 所示，试求房间内墙裙刷防火涂料两遍的工程量。已知墙裙高 1.5m，窗台高1.0m，窗洞侧宽 100mm。

【解】清单工程量：

墙裙油漆的工程量＝长×高－∑应扣除面积＋∑应增加面积

＝[(5.24－0.24×2)×2＋(3.24－0.24×2)×2]×1.5－[1.5×(1.5－1.0)＋0.9×1.5] ＋(1.5－1.0)×0.10×2＋1.5×0.1(窗台檐上)

＝20.71(m^2)

【注释】5.24 为横向外墙外边线之间间距，0.24 为墙厚，3.24 为纵向外墙外边线之间间距，1.5 为墙裙高度，（1.5－1.0）为窗台上方墙裙高度，1.0 为窗台高度，0.9 为门洞宽度，0.10 为窗洞侧宽。

清单工程量计算表 6-20。

表 6-20　清单工程量计算表

项目编码	项目名称	项目特征描述	计量单位	工程量
011404001001	木护墙、木墙裙油漆	内墙裙刷防火涂料两遍	m^2	20.71

【例 6-12】求图 6-5 所示，试求二层楼梯后房间为胶合木地板，刷润油粉、刮腻子、调和漆三遍，上做润油粉刷漆片两遍、擦蜡两遍的工程量。

【解】清单工程量：

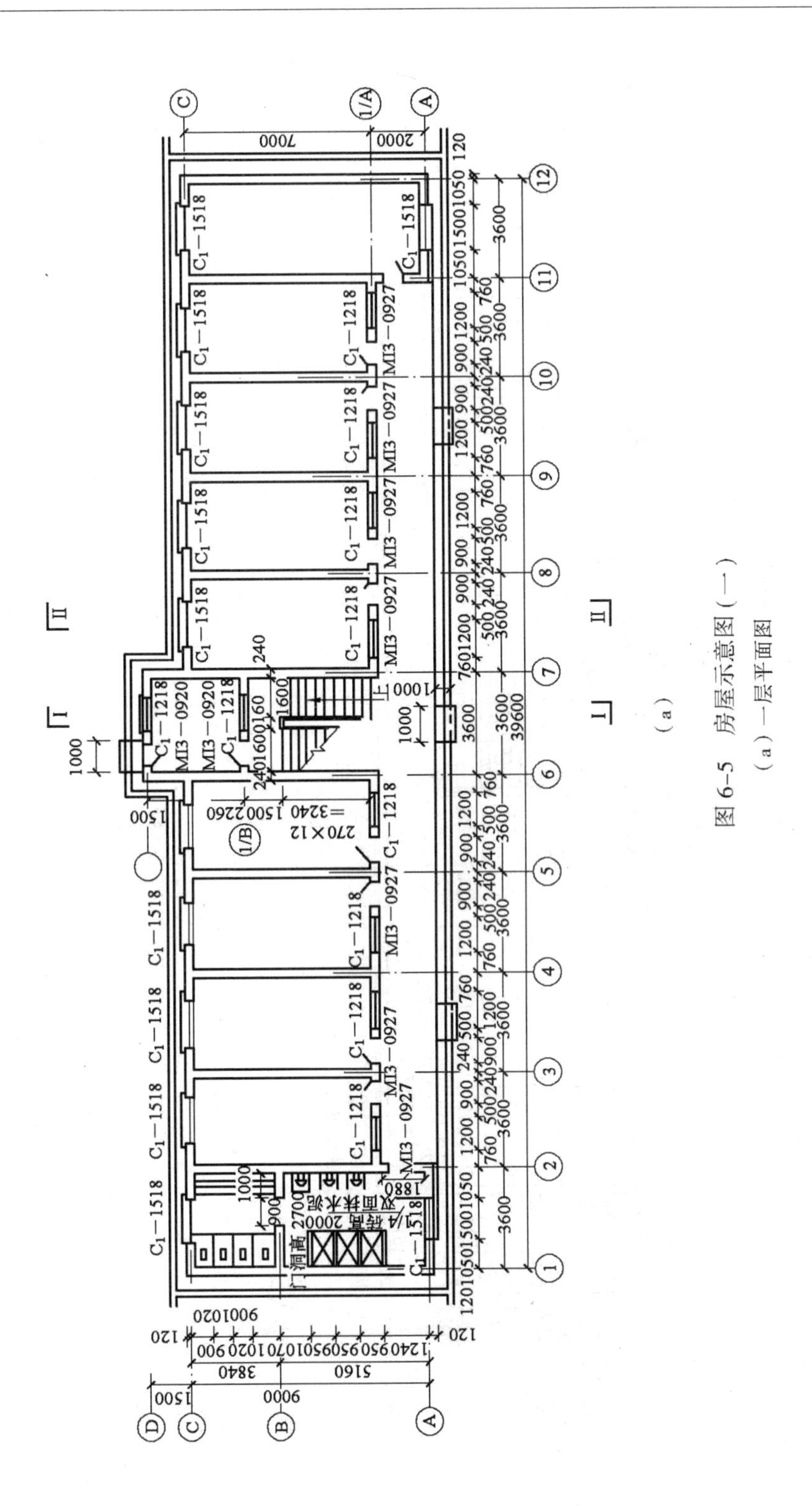

（a）

图 6-5　房屋示意图（一）

（a）一层平面图

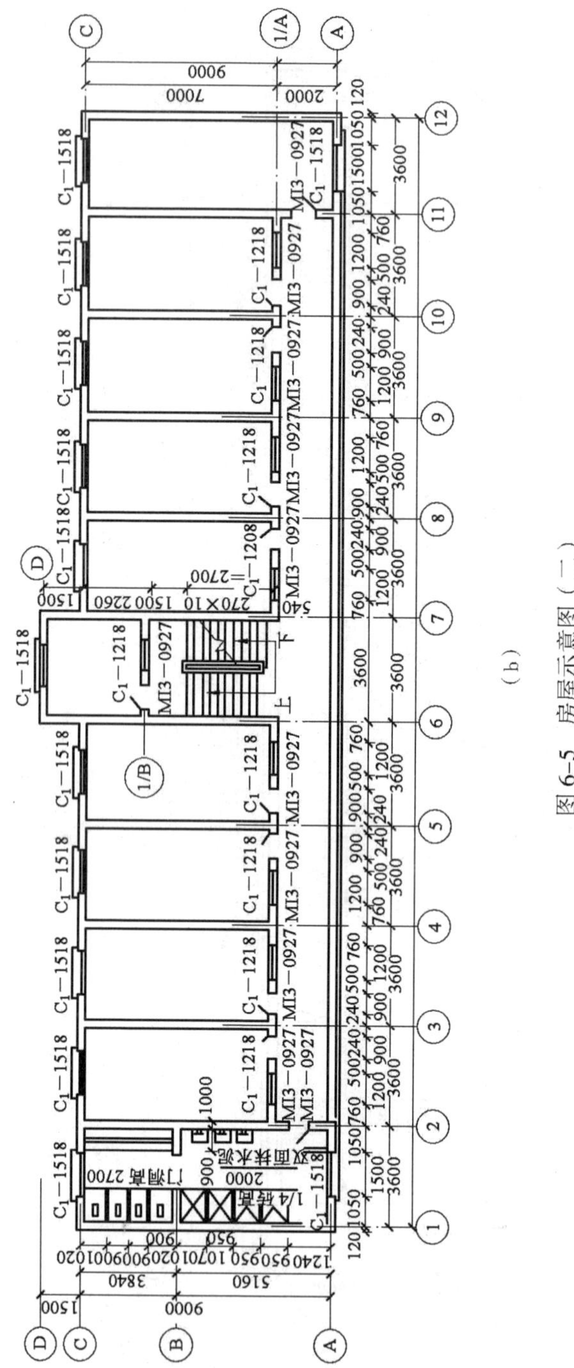

（b）

图 6-5　房屋示意图（二）

（b）二三层平面图

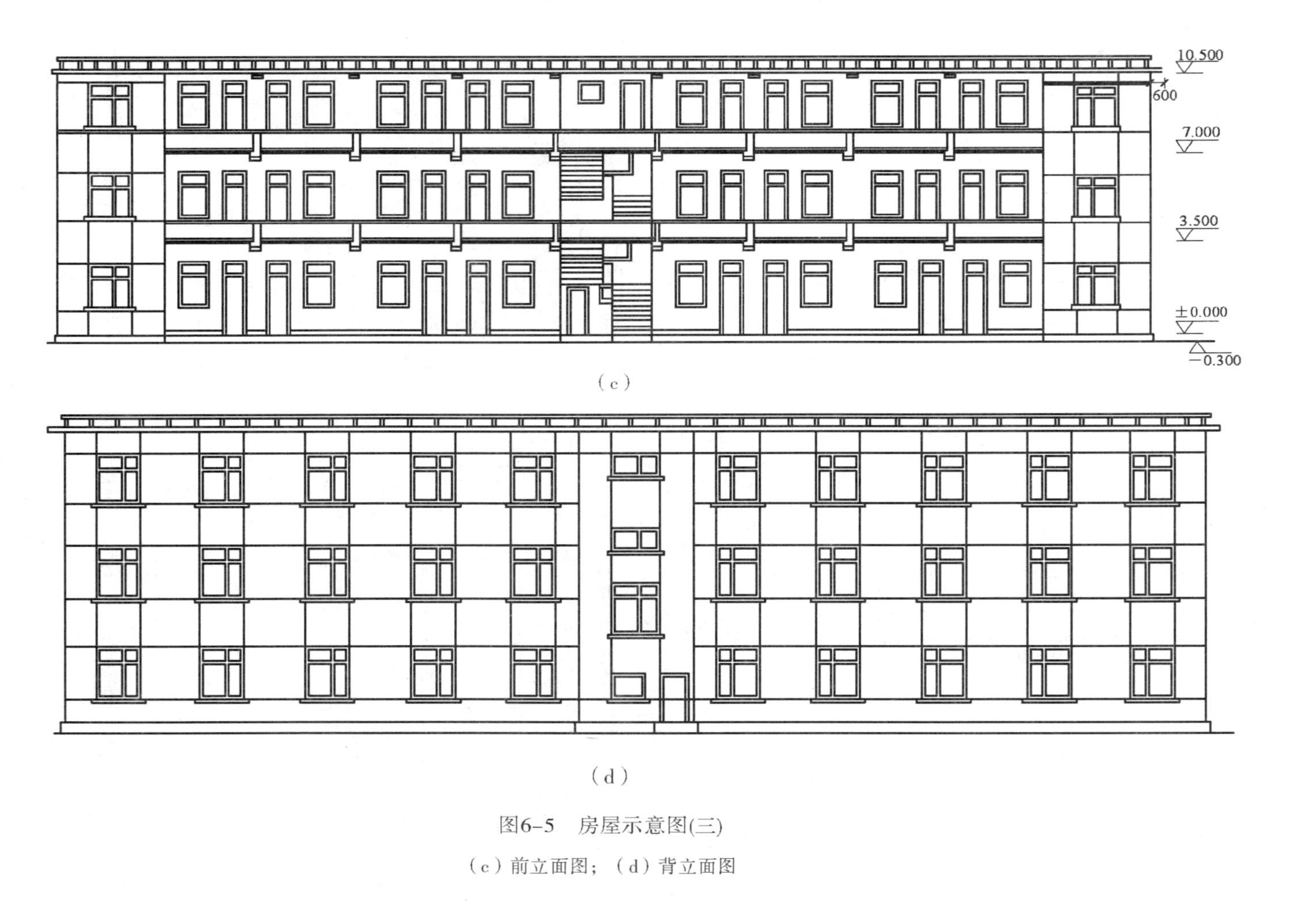

图6-5 房屋示意图(三)

（c）前立面图；（d）背立面图

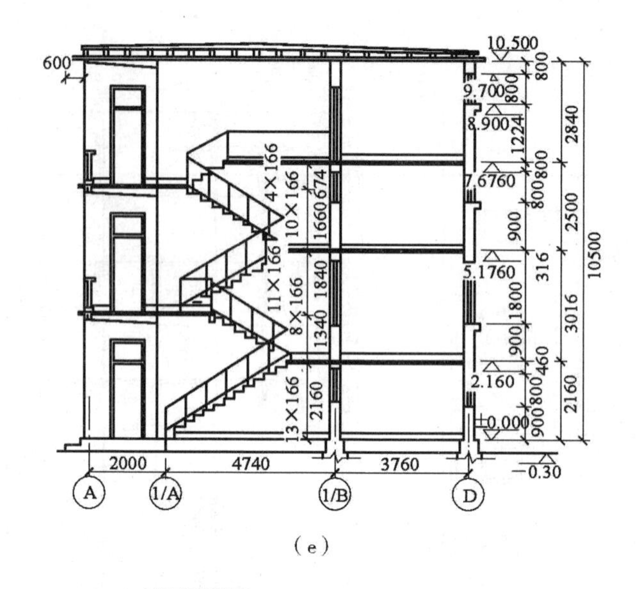

(e)

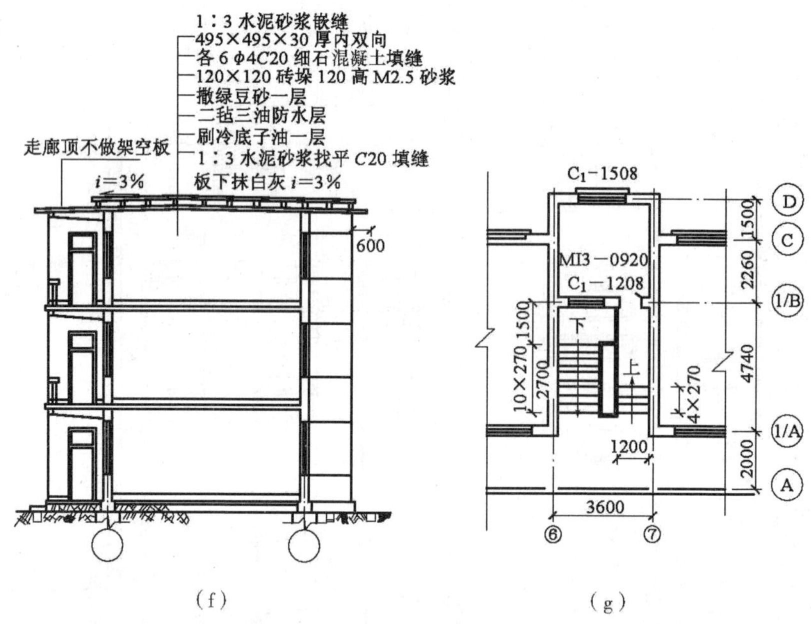

(f)　　　　(g)

图 6-5　房屋示意图（四）

(e) Ⅰ－Ⅰ剖面图；(f) Ⅱ－Ⅱ剖面图；(g) 楼梯间平面图

胶合木地板调和漆三遍工程量＝(3.6－0.24)×(3.76－0.24)＝11.83(m^2)

木地板漆片工程量＝(3.6－0.24)×(3.76－0.24)＝11.83(m^2)

【注释】3.6 为轴线 6 与轴线 7 之间间距，0.24 为墙厚，3.76 为轴⑴Ⓑ与轴Ⓓ之间间距即（2.26＋1.50）。

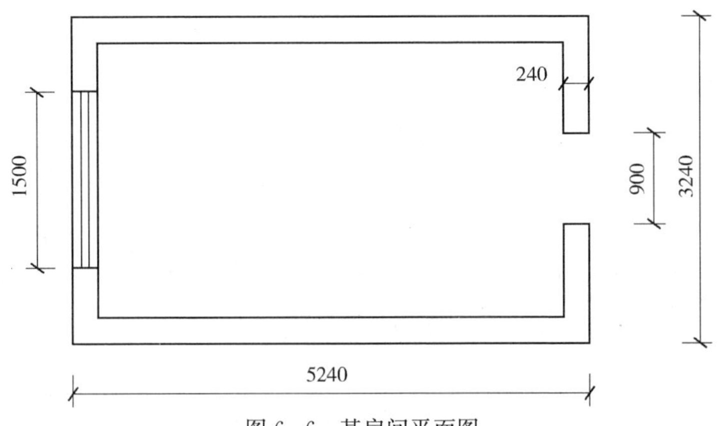

图 6-6　某房间平面图

清单工程量计算见表 6-21。

表 6-21　　清单工程量计算表

序号	项目编码	项目名称	项目特征描述	计量单位	工程量
1	011404007001	其他木材面	胶合木地板，刷润油粉，刮腻子、调和漆三遍、润油粉刷漆片三遍，擦蜡两遍	m^2	11.83
2	011404014001	木地板油漆	木地板、刷润油粉、刮腻子、调和漆三遍，润油粉，刷漆片两遍，擦蜡两遍	m^2	11.83

【例 6-13】 设前木地板油漆图 6-5（b）所示二层楼梯后房间的木地板四周为木踢脚板高为 0.15m，做润油粉烫硬蜡，试求其工程量。

【解】 清单工程量：

木踢脚板烫硬蜡工程量$=[(3.6-0.24)\times2+(3.76-0.24)\times2-0.9+0.18\times2]\times0.15$

$=1.98(m^2)$

【注释】木踢脚板油漆工程量按长×宽以面积计算。3.6 为轴线⑥与轴线⑦之间间距，0.24 为墙厚，3.76 为轴⑱与轴Ⓓ之间间距即（2.26+1.50），0.9 为门洞宽度，0.18 为门洞侧宽，0.15 为踢脚板高度。

清单工程量计算见表 6-22。

表 6-22　　清单工程量计算表

项目编码	项目名称	项目特征描述	计量单位	工程量
011404002001	窗台板、筒子板、盖板、门窗表、踢脚线油漆	木踢脚板润油粉烫硬蜡	m^2	1.98

【例 6-14】计算如图 6-7 所示墙面贴壁纸工程量，墙高为 2.9m。

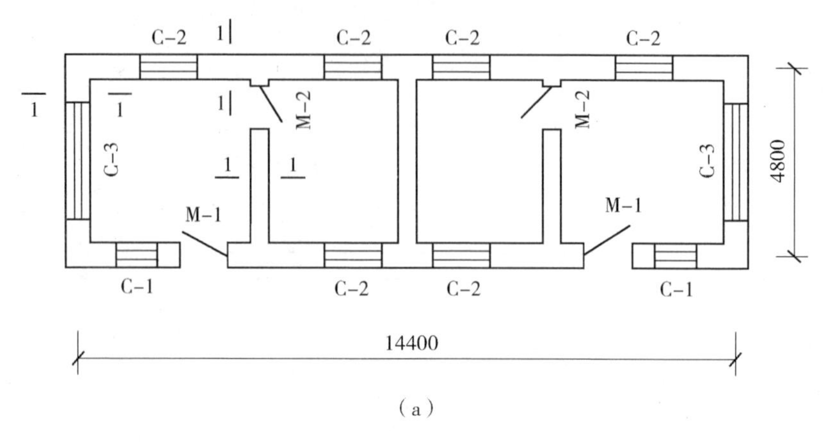

（a）

M-1=1.0m×2.0m　M-2=0.9m×2.2m
C-1=1.1m×1.5m　C-2=1.6m×1.5m　C-3=1.8m×1.5m

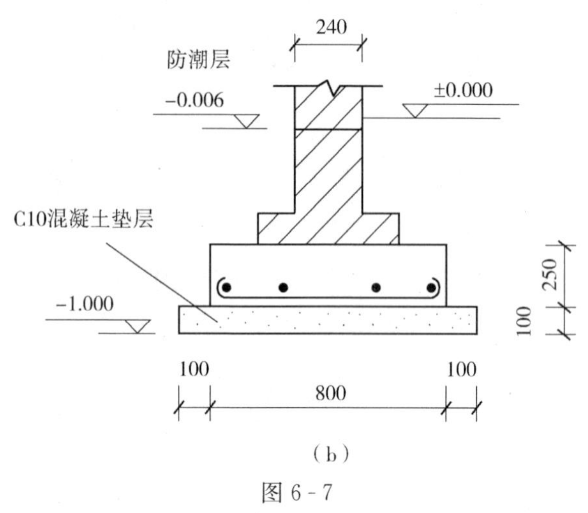

（b）

图 6-7
（a）平面图；（b）1—1 断面图

【解】清单工程量：

按计算规则墙面贴壁纸以实贴面积计算，应扣除门窗洞口和踢脚板工程量，增加门窗洞口侧壁面积。

（1）墙净长：

$$L=(14.4-0.24\times4)\times2+(4.8-0.24)\times8=63.36(\mathrm{m})$$

墙高：$H=2.9\mathrm{m}$

【注释】14.4 为横向外墙中心线之间间距，0.24 为墙厚，4.8 为纵向外墙中心线之间间距，8 为四个房间纵向内墙面数量。

(2) 扣门窗洞口、踢脚板面积：

若踢脚板高0.15m，则：

$$0.15\times63.36=9.5(m^2)$$

M-1：$1.0\times(2-0.15)\times2=3.7(m^2)$

M-2：$0.9\times(2.2-0.15)\times4=7.38(m^2)$

C：$(1.8\times2+1.1\times2+1.6\times6)\times1.5=23.1(m^2)$

合计扣减面积$=9.5+3.7+7.38+23.1=43.68(m^2)$

【注释】1.0为门洞M-1的宽度，2为M-1的高度，0.15为踢脚板高度，(2－0.15)为踢脚板上方门洞高度，第二个2为门M-1的数量；0.9为门M-2宽度，2.2为M-2高度，4为门M-2的侧面数量；1.8为窗C-3宽度，2为窗C-3及C-1的数量，1.6为窗C-2宽度，6为窗C-2数量。

(3) 增加门窗侧壁面积

M-1：$\frac{0.24-0.09}{2}\times(2-0.15)\times4+\frac{0.24-0.09}{2}\times1.0\times2$

$=0.71(m^2)$

M-2：$(0.24-0.09)\times(2.2-0.15)\times4+(0.24-0.09)\times0.9\times2$

$=1.5(m^2)$

C：$\frac{0.24-0.09}{2}\times[(1.8+1.5)\times2\times2+(1.1+1.5)\times2\times2+(1.6+1.5)\times2\times6]$

$=4.56(m^2)$

合计增加面积$=0.71+1.5+4.56=6.77(m^2)$

【注释】M-1式中加号前一项为门左右侧壁贴壁纸面积，后一项为门上侧壁贴壁纸面积，0.24为墙厚，0.09为门框宽度，4为门M-1侧壁数量，1.0为门宽；M-2计算式中如同M-1。

(4) 贴墙纸工程量：

$S=63.36\times2.9-43.68+6.77=146.83(m^2)$

清单工程量计算见表6-23。

表6-23　清单工程量计算表

项目编码	项目名称	项目特征描述	计量单位	工程量
011408001001	墙纸裱糊	墙面贴壁纸	m^2	146.83

【例6-15】如图6-8所示，试求天棚面刷乳胶漆三遍的工程量。

【解】清单工程量：

平面：$6\times8.6=51.6(m^2)$

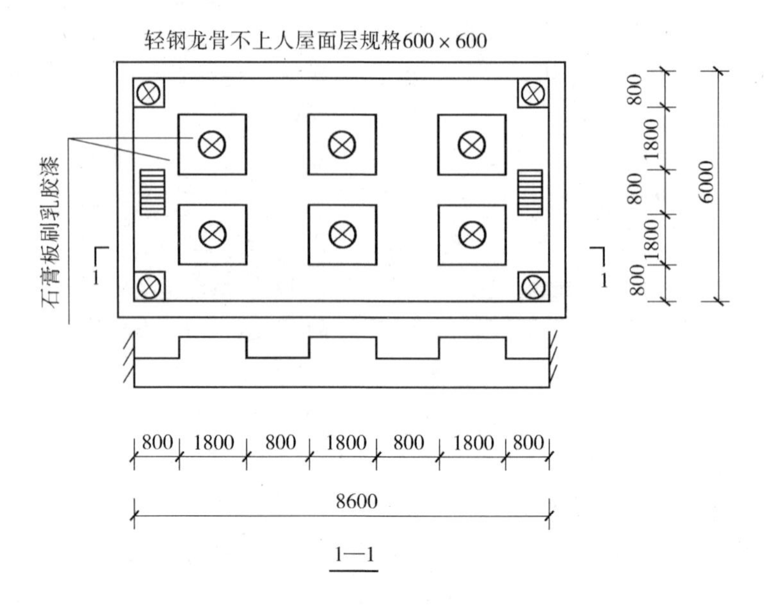

图 6-8 轻钢龙骨天棚示意图

迭落：1.8×4×0.4×6=17.28(m^2)

扣窗帘盒：1.8×0.2=0.36(m^2)

合计：51.6+17.28-0.36=68.52(m^2)

【注释】天棚面油漆工程量按主墙间实铺面积以平方米计算，不扣除间壁墙、检查口、附墙烟囱所占的面积，应扣除独立柱及与天棚相连的窗帘盒所占面积，天棚中的折线迭落等按展开面积计算。6 为横向主墙净长，8.6 为纵向主墙净长，1.8 为迭落面的长度，0.4 为迭落的高度，6 为迭落面的数量，1.8 为窗帘盒的宽度，0.2 为窗帘盒的高度。

清单工程量计算见表 6-24。

表 6-24 清单工程量计算表

项目编码	项目名称	项目特征描述	计量单位	工程量
011404005001	吸音板墙面、天棚面油漆	天棚面刷乳胶漆三遍	m^2	68.52

【例 6-16】 如图 6-9 所示会议室设计为墙面贴织锦缎，吊平顶标高为 3.40m，木墙裙高度为 1.10m，门窗洞口尺寸为：ZM-5：1760mm×2100mm，ZC-2：1300mm×1800mm，ZC-3：1800mm×1800mm，ZC-4：1400mm×2400mm，窗洞口侧壁假设为 100mm，窗台高度假设为 1m，试求织锦缎工程量。

【解】 清单工程量：

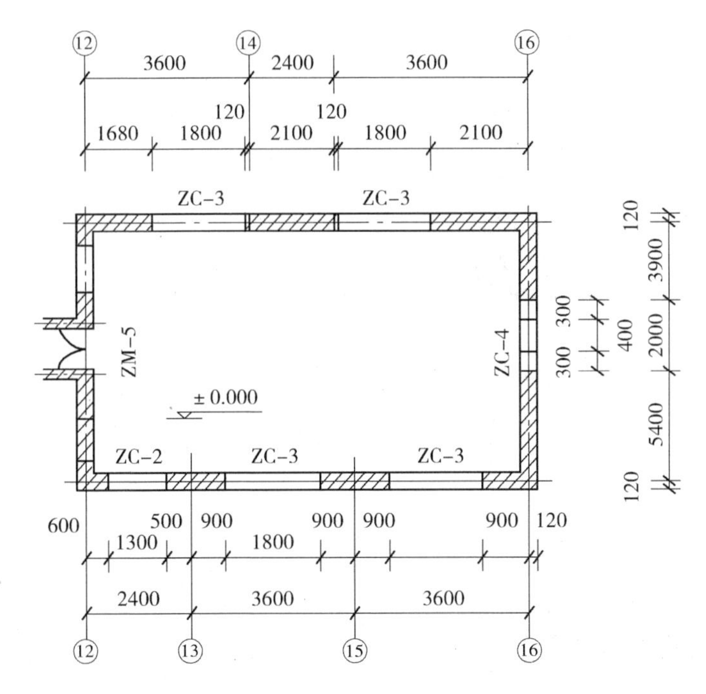

图 6 - 9　会议室平面图

织锦缎工程量：[(9.60－0.24)＋(11.30－0.24)]×2×(3.40－1.10)－1.76×(2.10－1.10)－1.30×(1.80－0.10)－1.80×(1.80－0.10)×4－1.40×(2.40－0.10)＋1.80×2×0.10＋1.80×2×0.10×4＋2.40×2×0.10＝93.93－1.76－2.21－12.24－3.22＋0.36＋1.44＋0.48＝76.78(m^2)

【注释】9.60 为轴⑫与轴⑯之间间距即（3.60＋3.60＋2.40），0.24 为墙厚，11.30 为纵向外墙中心线之间间距即（5.40＋2.00＋3.90），3.40 为房间高度，1.10为木墙裙高度，1.76 为门 ZM - 5 宽度，（2.10－1.10）为墙裙上方门 ZM - 5 的高度，1.30 为窗 ZC - 2 的宽度，1.8 为窗 ZC - 2 高度及 ZC - 3 的宽度与高度，（1.80－0.10）中的 0.10 为窗台与木墙裙的高度差即（1.10－1.00），1.80×2×0.10 中0.10为窗洞口侧壁宽度。

清单工程量计算见表 6 - 25。

表 6 - 25　　清单工程量计算表

项目编码	项目名称	项目特征描述	计量单位	工程量
011408002001	织锦缎裱糊	墙面贴织锦缎	m^2	76.78

【例 6 - 17】如图 6 - 10 所示，试求玻璃隔墙框刷润油粉一遍、调和漆两遍、磁漆

一遍工程量。

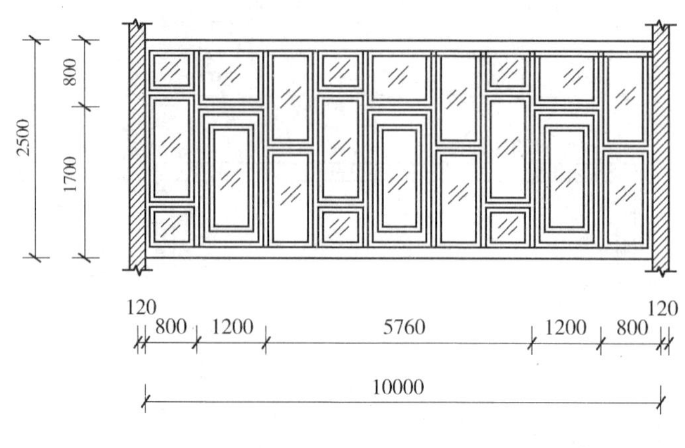

图 6-10　玻璃墙示意图

【解】清单工程量：

$$(10-0.24)\times 2.5=24.40(m^2)$$

【注释】10 为横向外墙中心线之间间距，0.24 为墙厚，2.5 为墙高度。

清单工程量计算见表 6-26。

表 6-26　清单工程量计算表

项目编码	项目名称	项目特征描述	计量单位	工程量
011404009001	玻璃间壁露明墙筋油漆	玻璃隔墙框刷润油粉一遍、调和漆两遍、磁漆一遍	m^2	24.40

【例 6-18】如图 6-11 所示的木扶手栏杆（带托板），现在某工作队要给扶手刷一层防腐漆，试计算其工程量。

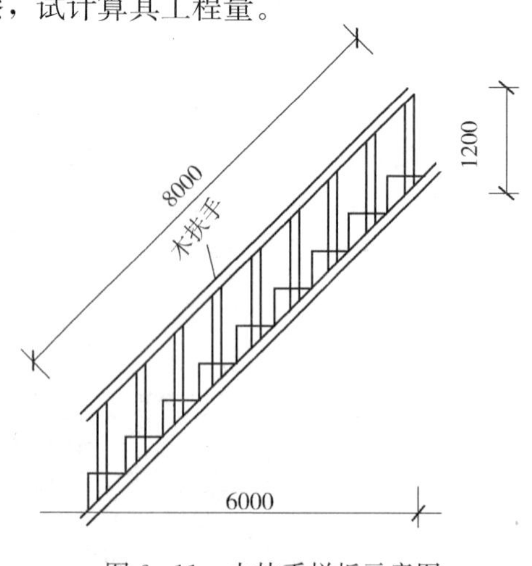

图 6-11　木扶手栏板示意图

【解】清单工程量：

工程量＝8.0m

清单工程量计算见表6－27。

表 6－27　清单工程量计算表

项目编码	项目名称	项目特征描述	计量单位	工程量
011403001001	木扶手油漆	刷一层防腐漆	m	8.00

【例 6－19】王先生家进行家庭装修，为了增加窗帘布的美化效果，王先生请装修队在窗帘盒上刷一层绿色的油漆，假如你是装修队的，试计算其工程量。窗帘盒示意图如图 6－12 所示。

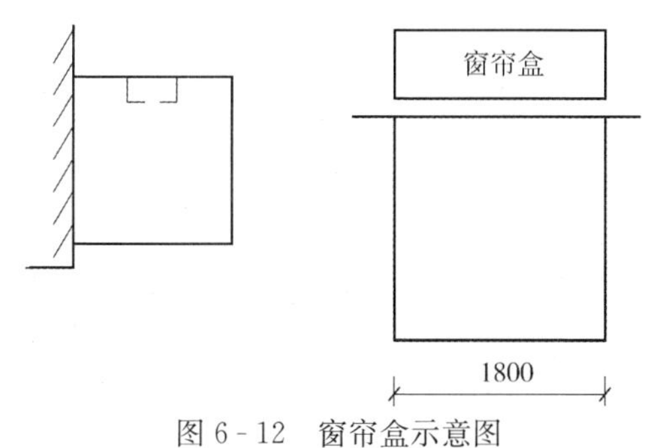

图 6－12　窗帘盒示意图

【解】清单工程量：

工程量＝1.8m

清单工程量计算见表 6－28。

表 6－28　清单工程量计算表

项目编码	项目名称	项目特征描述	计量单位	工程量
011403002001	窗帘盒油漆	刷一层油漆	m	1.8

【例 6－20】如图 6－13 和图 6－14 所示，试计算外墙裙抹水泥砂浆工程量（做法：外墙裙做1∶3水泥砂浆计算 $\delta=14$，做 1∶2.5 水泥砂浆抹面 $\delta=6$）。

【解】清单工程量：

外墙长＝(12.0＋4.5)×2－0.9×3＝30.3(m)

工程量＝30.3×1.2＝36.36(m^2)

清单工程量计算见表 6－29。

表 6－29　清单工程量计算表

项目编码	项目名称	项目特征描述	计量单位	工程量
011407001001	墙面喷刷涂料	外墙裙做1∶3水泥砂浆，做 1∶2.5 水泥砂浆抹面	m^2	36.36

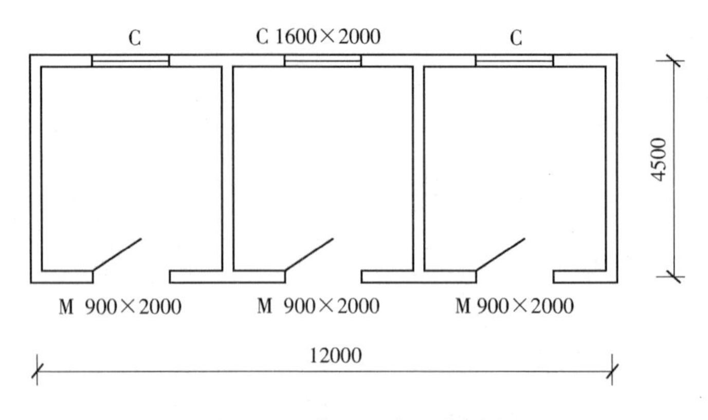

图 6－13　某工程平面示意图

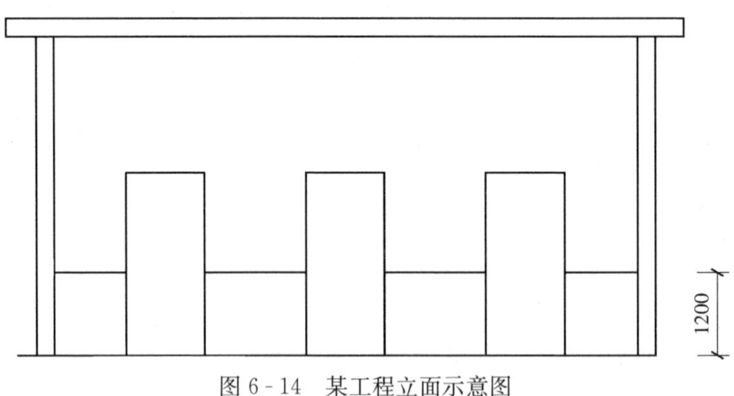

图 6－14　某工程立面示意图

【例 6－21】 图 6－15 为某居室平面图，假设室内全部铺成木地板，现欲给木地板刷一层防腐油漆，试求其工程量。

【解】 清单工程量：

客厅工程量＝(5.4－0.12×2)×(6.0－0.12×2)＝29.72(m^2)

厨卫＋卧室工程量＝(4.5－0.12×2)×(6.0－0.12×4)＝23.515(m^2)

总工程量＝29.72＋23.515＝53.235(m^2)

清单工程量计算见表 6－30。

表 6－30　清单工程量计算表

项目编码	项目名称	项目特征描述	计量单位	工程量
011404014001	木地板油漆	木地板刷一层防腐油漆	m^2	53.24

【例 6－22】 欲给一木货架内部刷一层防腐油漆，已知货架厚 800mm，如图6－16 所示，试求其工程量。

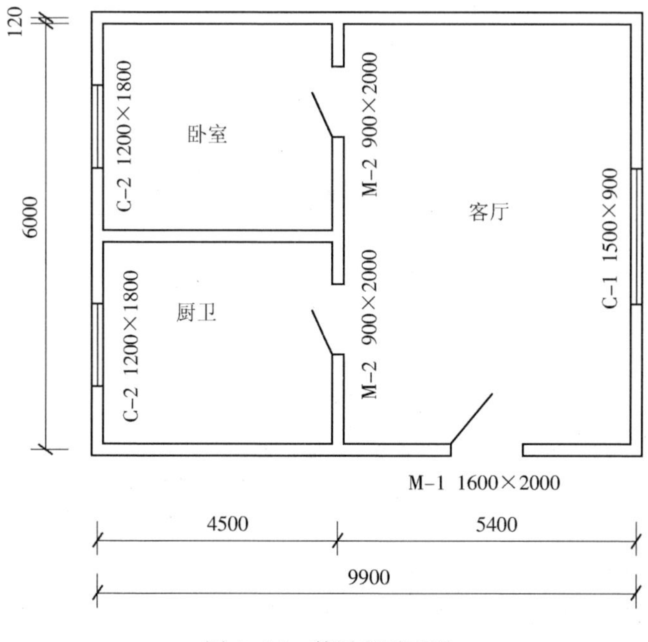

图 6-15 某居室平面图

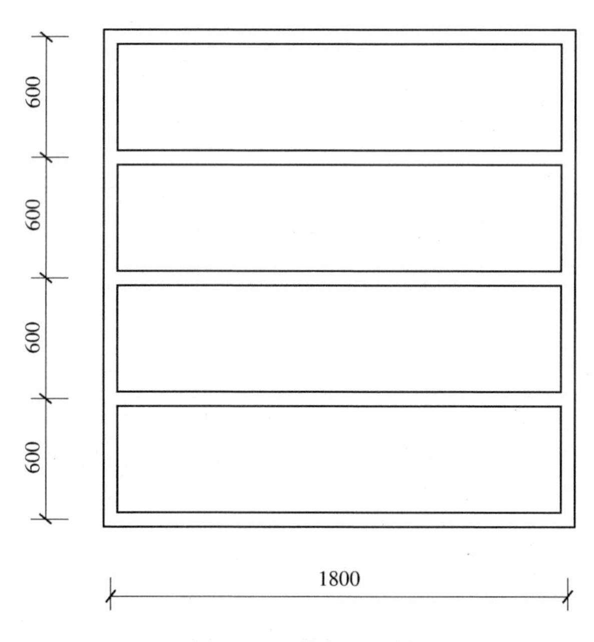

图 6-16 货架立面图

【解】清单工程量：

工程量＝0.60×4×2×0.8＋1.8×0.8×8＝15.36(m²)

清单工程量计算见表 6－31。

表 6－31　　清单工程量计算表

项目编码	项目名称	项目特征描述	计量单位	工程量
011404011001	衣柜、壁柜油漆	刷一层防腐油漆	m²	15.36

【例 6－23】 一圆柱，欲涂刷一层木油涂，如图 6－17 所示，求其工程量。

【解】 清单工程量：

工程量＝2.4×(π×0.6)＝4.5216(m²)

清单工程量计算见表 6－32。

表 6－32　　清单工程量计算表

项目编码	项目名称	项目特征描述	计量单位	工程量
011404012001	梁柱饰面油漆	刷一层木油涂	m²	4.52

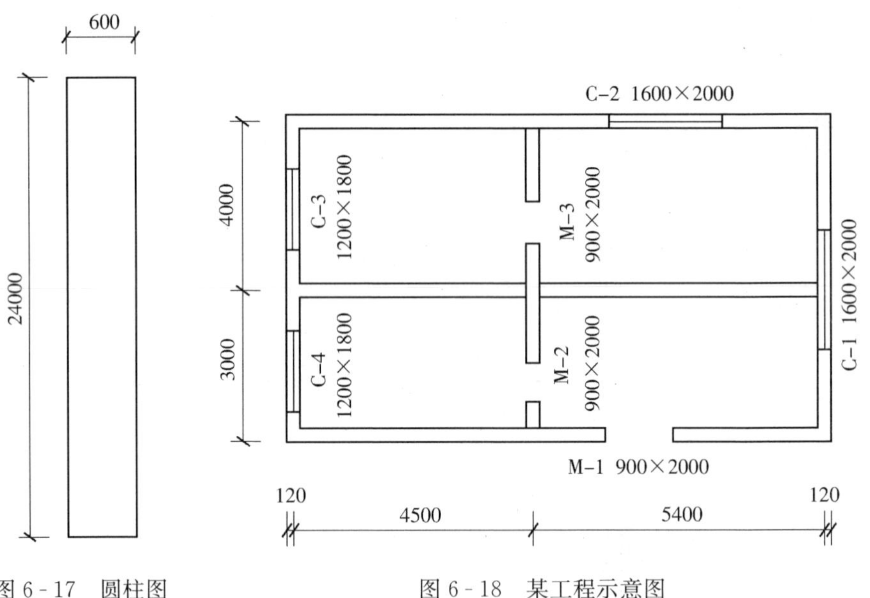

图 6－17　圆柱图　　图 6－18　某工程示意图

【例 6－24】 如图 6－18 和图 6－19 所示，求檐口油漆工程量。

【解】 清单工程量：

工程量＝(4.5＋5.4＋0.12×2＋7＋0.12×2＋0.8×4)×2×0.4
＝16.464(m²)

清单工程量计算见表 6－33。

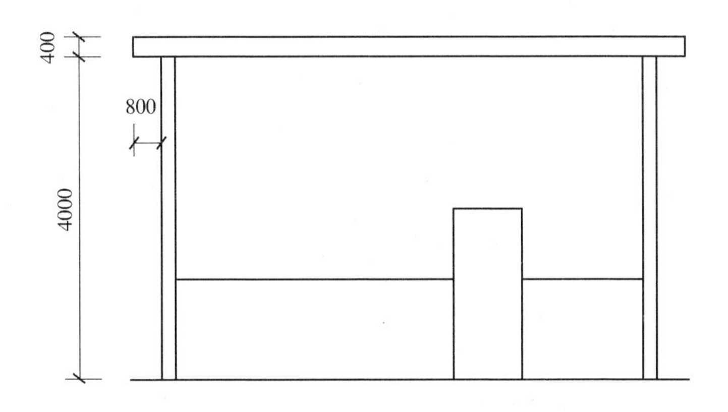

图 6-19　某工程示意图

表 6-33　**清单工程量计算表**

项目编码	项目名称	项目特征描述	计量单位	工程量
011404003001	清水板条天棚、檐口油漆	檐口油漆	m^2	16.46

【例 6-25】 如图 6-20 所示的平面内若铺木地板烫硬蜡面，求其工程量。

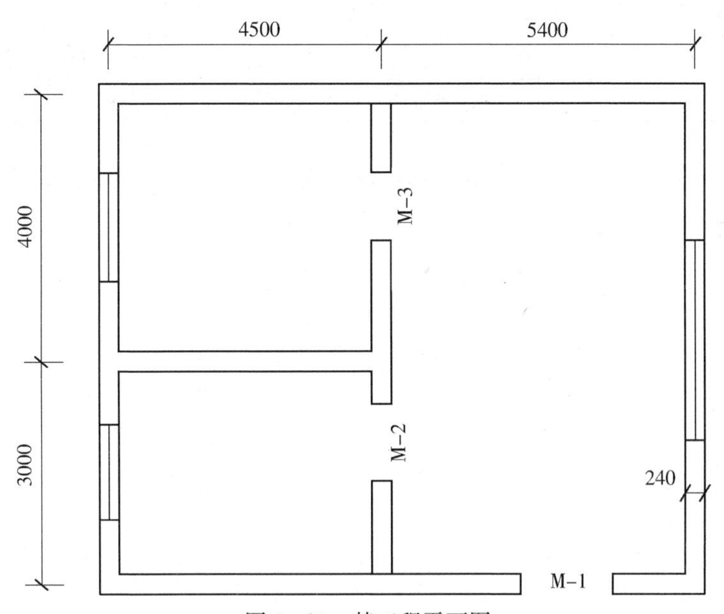

图 6-20　某工程平面图

【解】 清单工程量：

工程量＝(3＋4－0.24)×(4.5＋5.4－0.24)＝65.30(m^2)

清单工程量计算见表 6-34。

表 6-34　　清单工程量计算表

项目编码	项目名称	项目特征描述	计量单位	工程量
011404015001	木地板烫硬蜡面	铺木地板烫硬蜡面	m^2	65.30

【例 6-26】求如图 6-21 所示，窗帘棍油漆的工程量。

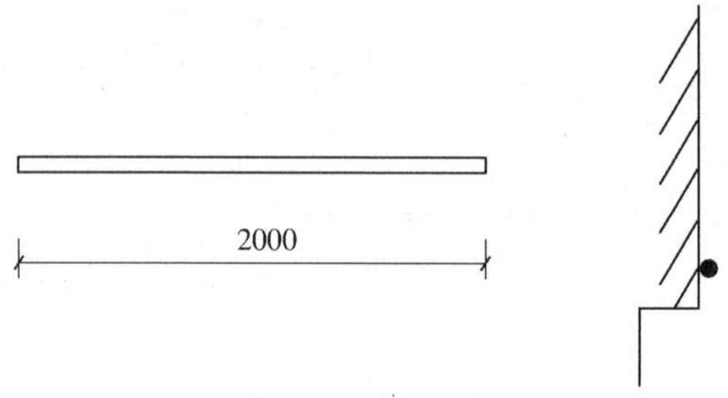

图 6-21　窗帘棍示意图

【解】清单工程量：

工程量＝2m

清单工程量计算见表 6-35。

表 6-35　　清单工程量计算表

项目编码	项目名称	项目特征描述	计量单位	工程量
011403005001	挂镜线，窗帘棍、单独木线油漆	窗帘棍油漆	m	2.00

【例 6-27】现欲给一木制餐桌刷装饰油漆如图 6-22 所示，试求其工程量。

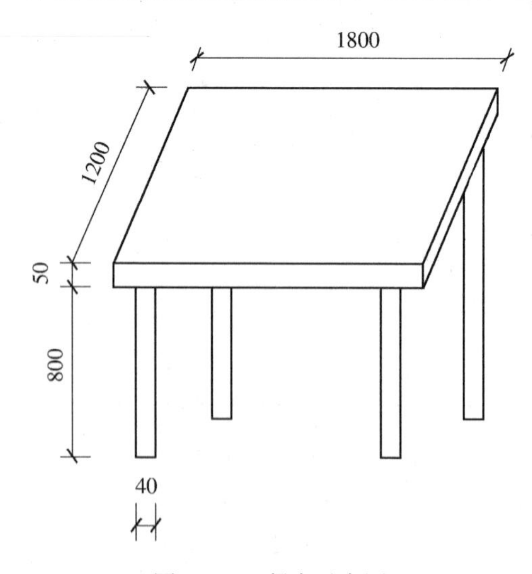

图 6-22　餐桌示意图

【解】清单工程量：

工程量＝1.2×1.8＋0.05×1.2×2＋0.05×1.8×2＋π×0.04×0.8×4
＝2.86(m²)

清单工程量计算见表6-36。

表6-36　清单工程量计算表

项目编码	项目名称	项目特征描述	计量单位	工程量
011404013001	零星木装修油漆	木制餐桌	m²	2.86

【例6-28】求图6-23所示暖气罩油漆的工程量，已知罩厚为400mm。

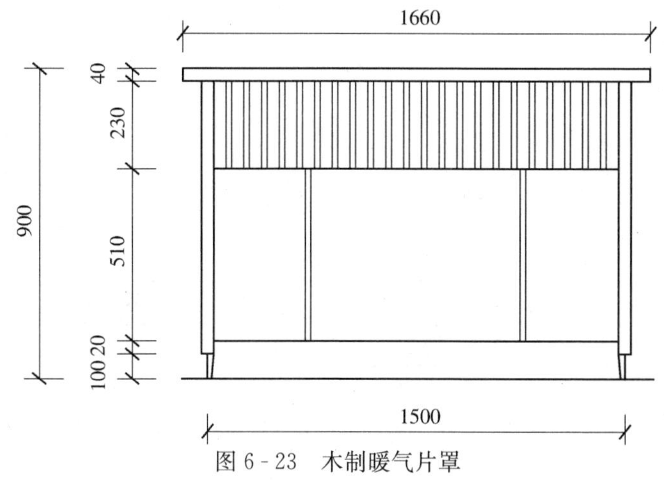

图6-23　木制暖气片罩

【解】清单工程量：

工程量＝[0.04×1.66＋(0.23＋0.51)×1.5＋(0.1＋0.02)×1.5
－2×0.04×0.02]×2＋(0.9－0.04)×0.4×2＋0.4×1.66×2
＝4.73(m²)

清单工程量计算见表6-37。

表6-37　清单工程量计算表

项目编码	项目名称	项目特征描述	计量单位	工程量
011404006001	暖气罩油漆	木制暖气片罩	m²	4.73

【例6-29】试求如图6-24和图6-25所示窗木窗台板刷防腐油漆的工程量。

【解】清单工程量：

工程量＝0.1×1.9＋0.05×1.9＋0.025×1.9＋(0.05－0.025)×0.025×2＋
0.1×0.025×2＋(0.05－0.025)×1.9＋(0.1－0.025)×1.9
＝0.53(m²)

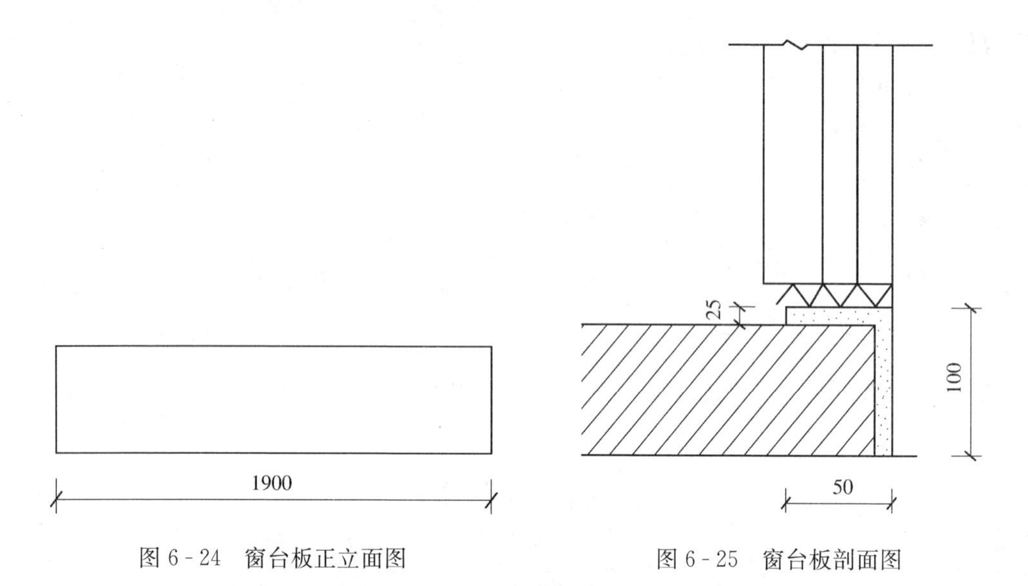

图 6 - 24　窗台板正立面图　　　　图 6 - 25　窗台板剖面图

清单工程量计算见表 6 - 38。

表 6 - 38　　清单工程量计算表

项目编码	项目名称	项目特征描述	计量单位	工程量
011404002001	窗台板、筒子板、盖板、门窗套、踢脚线油漆	刷防腐油	m^2	0.53

【例 6 - 30】 如图 6 - 26 所示，求钢折叠门的工程量。已知某三层建筑物，每层有 15 个房间。

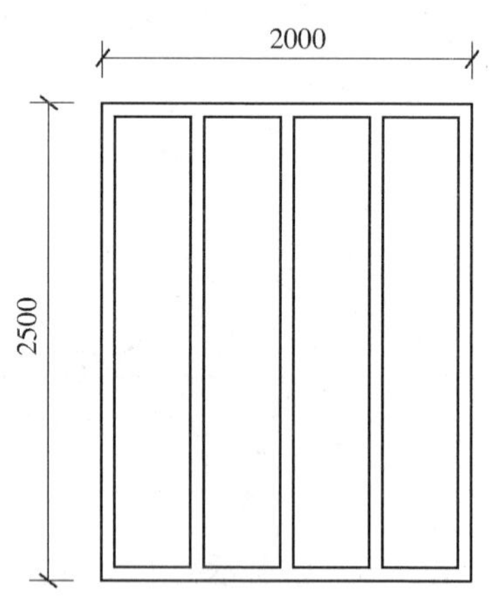

图 6 - 26　钢折叠门立面图

【解】 清单工程量：

工程量＝1 樘×15×3＝45(樘)

清单工程量计算见表 6-39。

表 6-39　　清单工程量计算表

项目编码	项目名称	项目特征描述	计量单位	工程量
011401002001	金属门油漆	钢折叠门尺寸宽 2000mm，高 2500mm	樘	45

【例 6-31】 如图 6-27 所示内墙，木墙裙高为 1500mm，刷防腐油漆一遍，计算其工程量，已知窗高 1200mm，窗洞侧油漆宽为 100mm。

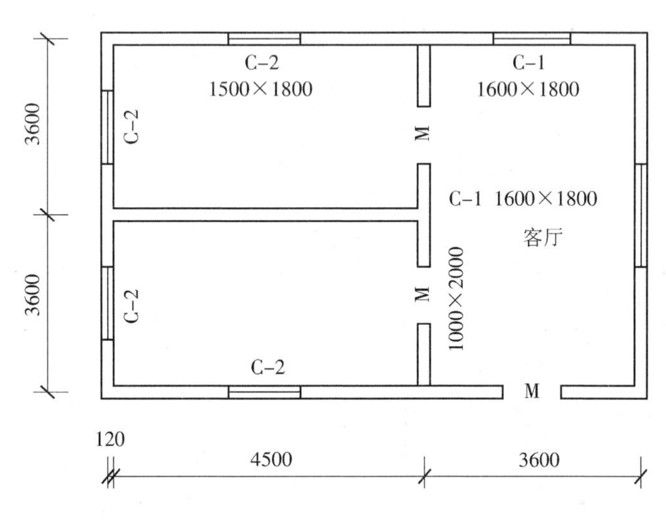

图 6-27　某工程平面图

【解】 清单工程量：

工程量＝[(3.6×2－0.24×2)×4＋(4.5－0.12×2)×4＋(3.6－0.24)×2－1×5]×1.5－ (1.5－1.2)×1.5×4－(1.5－1.2)×1.6×2＋(1.5－1.2)×0.1×2×6

＝46.6×1.5－1.8－0.96＋0.36

＝66.06(m^2)

清单工程量计算见表 6-40。

表 6-40　　清单工程量计算表

项目编码	项目名称	项目特征描述	计量单位	工程量
011404001001	木护墙、木墙裙油漆	刷防腐油漆一遍	m^2	66.06

【例 6-32】 如图 6-28 所示平面图，试计算其墙面裱糊织锦缎的工程量。

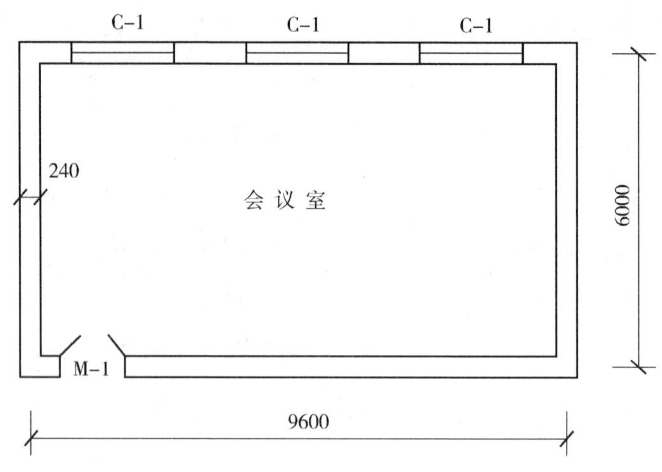

图 6-28　会议室平面图（单位 mm）

注：1. 窗户尺寸高×宽=1500×2000

2. 门尺寸宽×高=1000×2000

3. 房间水泥踢脚高=150

4. 房间顶棚高度=3000

【解】 按清单计算规则计算如下：

墙面裱糊织锦缎工程量=[(9.6−0.12×2)×2+(6.0−0.12×2)×2]×(3.0−0.15)−1.5×2×3−1.0×2

=86.184−9−2

=75.184(m^2)

清单工程量计算见表 6-41。

表 6-41　　清单工程量计算表

项目编码	项目名称	项目特征描述	计量单位	工程量
011408002001	织锦缎裱糊	墙面裱糊织锦缎	m^2	75.18

【例 6-33】 如图 6-29 所示二层小楼，试求其抹乳胶漆线条的工程量。

【解】 清单工程量：

抹乳胶漆线条的工程量=12×4=48(m)

清单工程量计算见表 6-42。

表 6-42　　清单工程量计算表

项目编码	项目名称	项目特征描述	计量单位	工程量
011406002001	抹灰线条油漆	抹乳胶漆线条	m	48.00

【例 6-34】 如图 6-30 所示，某办公楼平面图，室内抹灰面刷乳胶漆二遍，考虑吊顶，乳胶漆涂刷高度按 2.8m 计算，试求其抹灰面乳胶漆工程量。

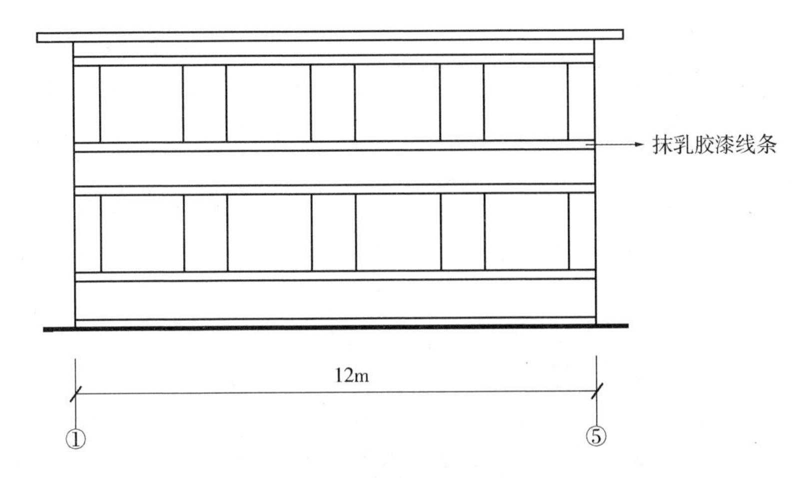

图 6-29 二层小楼乳胶漆线条示意图
①～⑤立面图

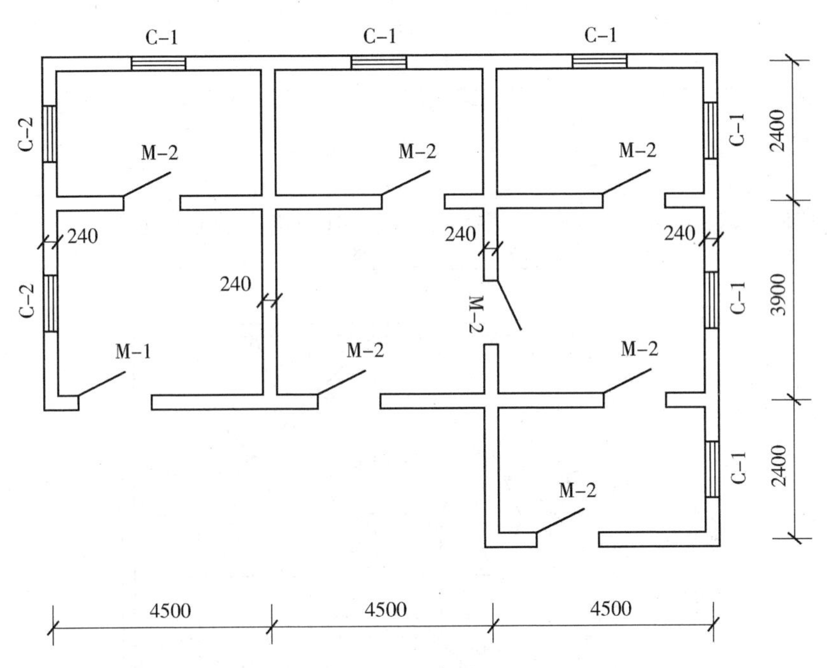

注：C-1：2000×1800；C-2：1500×1200
M-1：2000×2400；M-2：1000×2100

图 6-30 某办公楼平面图

【解】 清单工程量：

（1）门窗面积

C-1：$2.0\times1.8\times6=21.6(\mathrm{m}^2)$

C-2：$1.5\times1.2\times2=3.6(\mathrm{m}^2)$

M-1：$2.0\times2.4=4.8(\mathrm{m}^2)$

M-2：$1.0\times2.1\times7=14.7(\mathrm{m}^2)$

（2）乳胶漆抹灰面工程量

室内周长：$L_{内}=[(4.5-0.24)+(2.4-0.24)]\times2\times4+[(4.5-0.24)+(3.9-0.24)]\times2\times3$

$=6.42\times8+7.92\times6$

$=51.36+47.52$

$=98.88(\mathrm{m})$

乳胶漆抹灰面工程量：$(98.88\times2.8-21.6-3.6-4.8-14.7)-5\times1.0\times2.1$

$=232.164-10.5$

$=221.664(\mathrm{m}^2)$

清单工程量计算见表6-43。

表6-43　清单工程量计算表

项目编码	项目名称	项目特征描述	计量单位	工程量
011406001001	抹灰面油漆	室内抹灰面，刷乳胶漆二遍	m^2	221.66

【例6-35】如图6-31所示的空花格窗，试求其花格窗刷涂料的工程量。

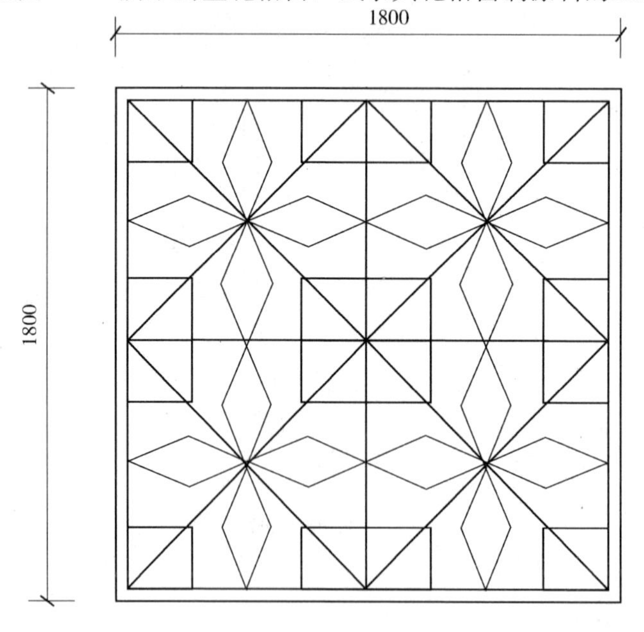

图6-31　空花格窗

【解】清单工程量：

说明：按设计图示尺寸以单面外围面积计算。

空花格窗刷涂料工程量：$S=1.8\times1.8=3.24(m^2)$

清单工程量计算见表 6-44。

表 6-44　　清单工程量计算表

项目编码	项目名称	项目特征描述	计量单位	工程量
011407003001	空花格、栏杆刷涂料	花格窗刷涂料	m^2	3.24

【例 6-36】如图 6-32 所示教学楼立面图，试求其正立面外墙线条刷多彩花纹涂料的工程量。

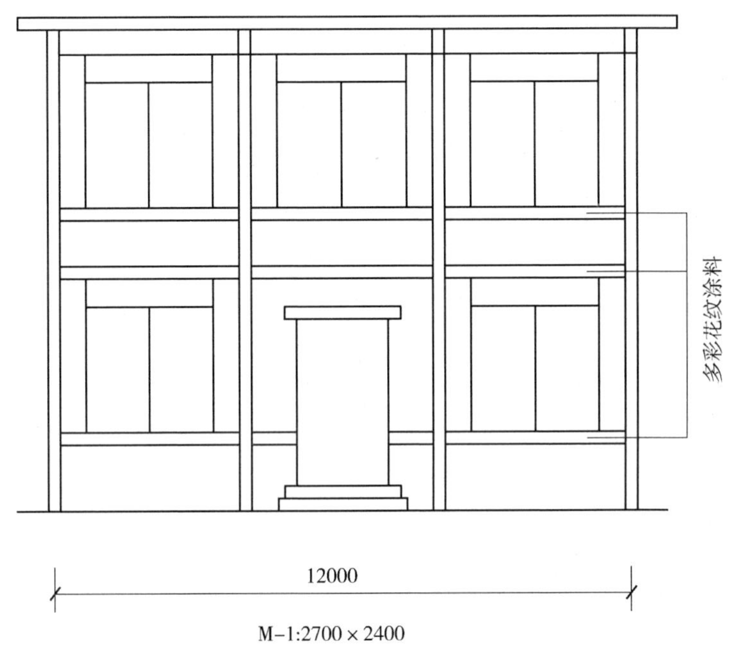

图 6-32　教学楼立面图

【解】清单工程量：

说明：按图示设计尺寸以长度计算。

线条刷多彩花纹涂料工程量：$L=(12-2.7)+12\times2=9.3+24=33.3(m)$

清单工程量计算见表 6-45。

表 6-45　　清单工程量计算表

项目编码	项目名称	项目特征描述	计量单位	工程量
011407004001	线条刷涂料	花格窗刷涂料	m	33.30

【例 6-37】 如图 6-33 所示某组合办公室平面图，该办公室设计为室内墙面贴织锦缎吊平顶标高 3.3m，木墙裙高度 0.9m，窗台高度设计为 1.2m，计算织锦缎工程量。

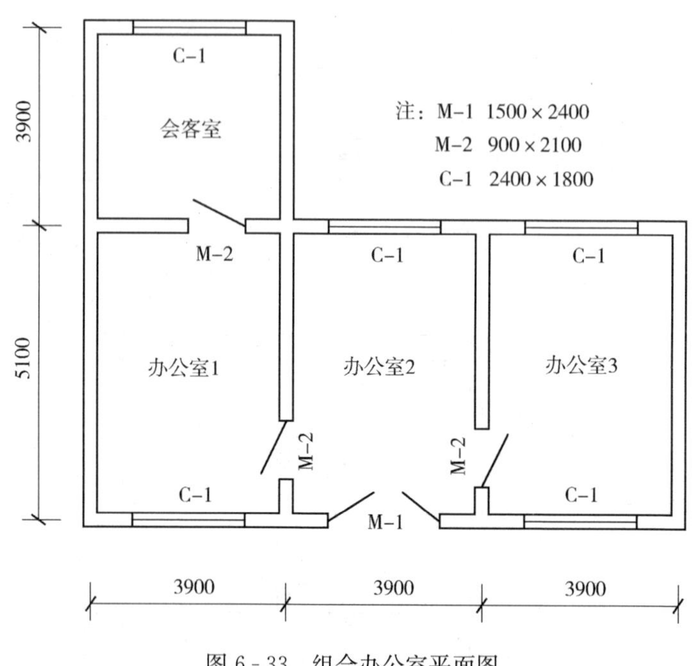

图 6-33　组合办公室平面图

【解】 清单工程量：

说明：按设计图示尺寸以面积计算。

1）织锦缎工程量：

办公室 1：

[(3.9−0.24)+(5.1−0.24)]×2×(3.3−0.9)−2.4×1.8−0.9×(2.1−0.9)×2=40.896−6.48=34.416(m^2)

办公室 2：

[(3.9−0.24)+(5.1−0.24)]×2×(3.3−0.9)−1.5×(2.4−0.9)−0.9×(2.1−0.9)×2−2.4×1.8=40.896−8.73=32.166(m^2)

办公室 3：

[(3.9−0.24)+(5.1−0.24)]×2×(3.3−0.9)−0.9×(2.1−0.9)−2.4×1.8×2=40.896−9.72=31.176(m^2)

会客室：[(3.9−0.24)×4×(3.3−0.9)−0.9×(2.1−0.9)]−2.4×1.8=35.136−5.4=29.736(m^2)

2）总体织锦缎工程量：

$S=34.416+32.166+31.176+29.736=127.494(m^2)$

清单工程量计算见表 6 - 46。

表 6 - 46　　清单工程量计算表

项目编码	项目名称	项目特征描述	计量单位	工程量
011408002001	织锦缎裱糊	内墙织锦缎裱糊	m^2	127.49

【例 6 - 38】 欲给图 6 - 34 所示封檐板刷防腐油漆，求其工程量。

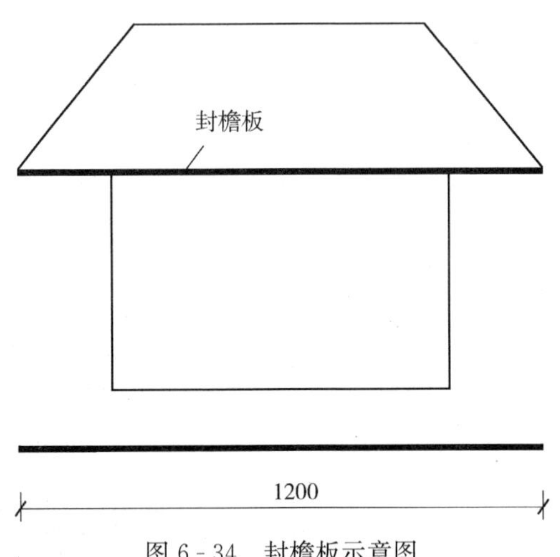

图 6 - 34　封檐板示意图

【解】 清单工程量：

工程量=1.2m

清单工程量计算见表 6 - 47。

表 6 - 47　　清单工程量计算表

项目编码	项目名称	项目特征描述	计量单位	工程量
011403003001	封檐板、顺水板油漆	刷防腐油漆	m	1.20

【例 6 - 39】 试求如图 6 - 35 所示木方格吊顶天棚刷防火涂料二遍的工程量。

【解】 清单工程量：

工程量$=5\times9=45(m^2)$

清单工程量计算见表 6 - 48。

表 6 - 48　　清单工程量计算表

项目编码	项目名称	项目特征描述	计量单位	工程量
011404004001	木方格吊顶天棚油漆	刷防火涂料二遍	m^2	45.00

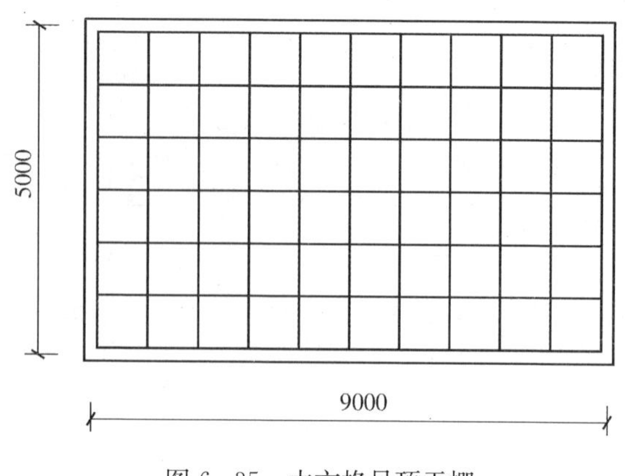

图 6 - 35　木方格吊顶天棚

【例 6 - 40】 用木隔断隔离一间浴室，木隔断刷油漆如图 6 - 36 和图 6 - 37 所示，试计算其工程量。

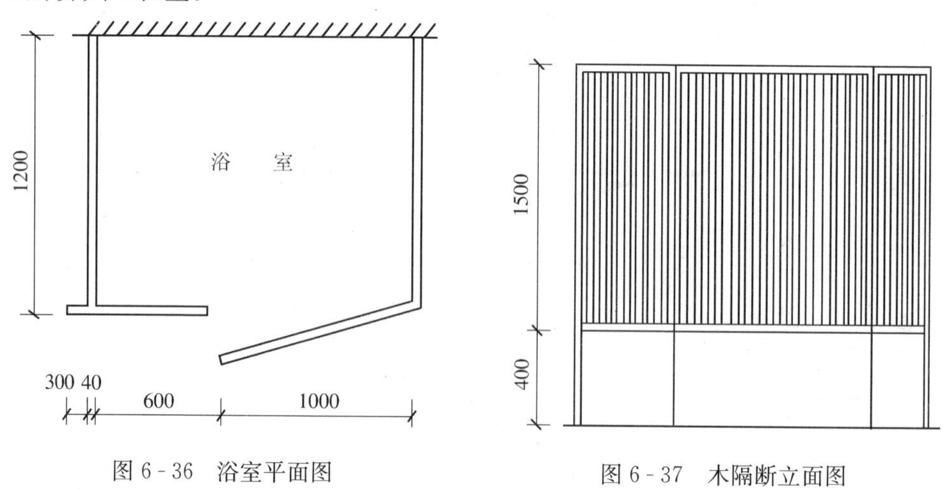

图 6 - 36　浴室平面图

图 6 - 37　木隔断立面图

【解】 清单工程量：

工程量＝(1.2×2＋1.0＋0.6)×1.5＋0.04×2×(1.5＋0.4) ＋0.3×1.5
＝6.60(m^2)

清单工程量计算见表 6 - 49。

表 6 - 49　　**清单工程量计算表**

项目编码	项目名称	项目特征描述	计量单位	工程量
011404008001	木间壁、木隔断油漆	木隔断油漆	m^2	6.60

【例 6 - 41】 图 6 - 38 为栏板及扶手，栏板为木栏板，进行装修时，为了使栏板耐用，需刷两遍防火油漆，假如你是承包队，试计算其工程量。

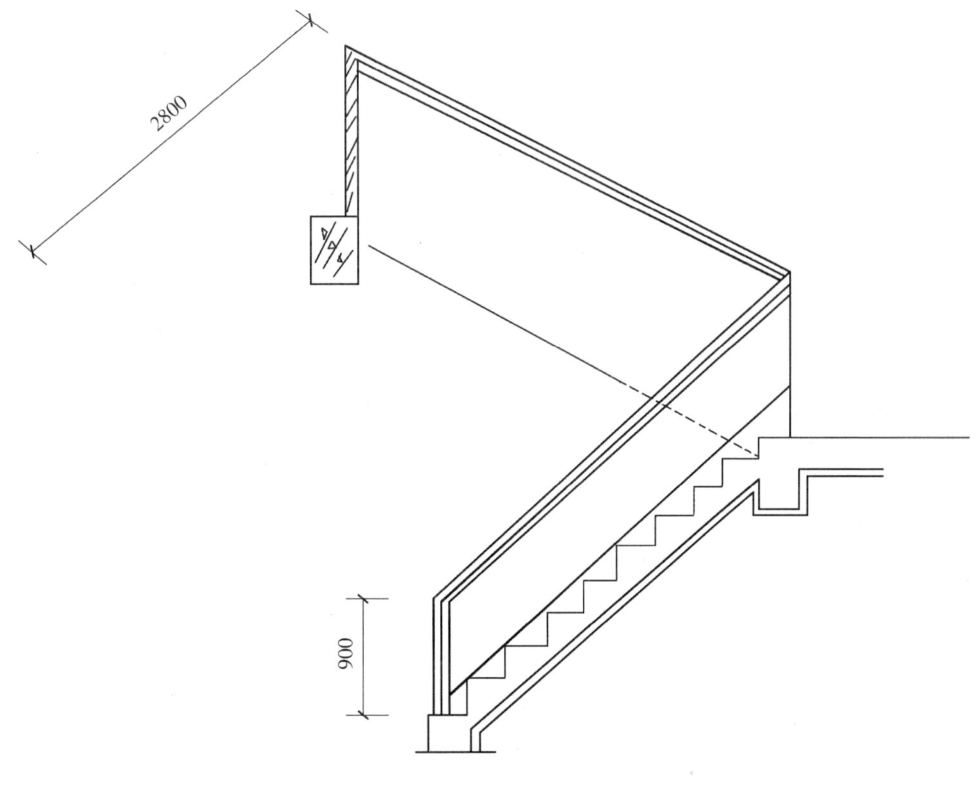

图 6-38　栏板及扶手

【解】清单工程量：

工程量=0.9×2.8=2.52(m²)

清单工程量计算见表 6-50。

表 6-50　　**清单工程量计算表**

项目编码	项目名称	项目特征描述	计量单位	工程量
011404010001	木栅栏、木栏杆（带扶手）油漆	两遍防火油漆	m²	2.52

【例 6-42】如图 6-39 所示，计算天棚面刷乳胶漆三遍的工程量。

【解】工程量计算：

平面：8.6×6=51.6(m²)

迭落：1.8×4×0.4×6=17.28(m²)

扣窗帘盒：1.8×0.2=0.36(m²)

合计：51.6+17.28-0.36=68.52(m²)

清单工程量计算见表 6-51。

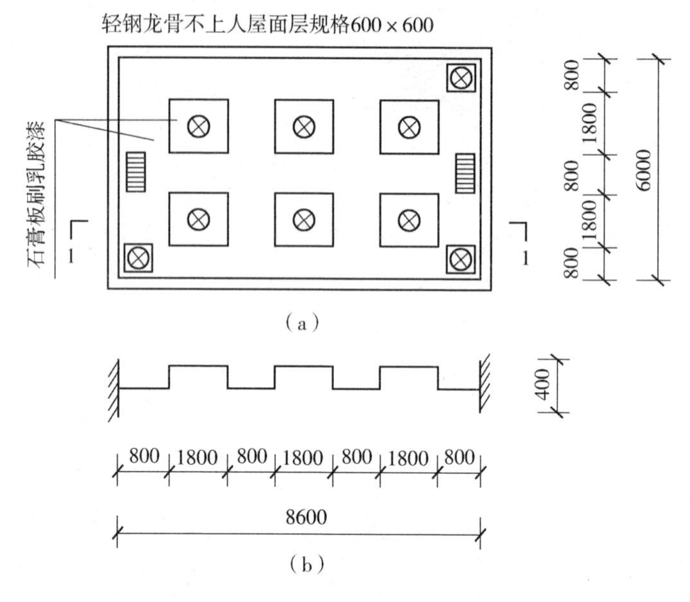

图 6-39 轻钢龙骨天棚示意图

(a) 平面图；(b) 1—1 剖面图

表 6-51 清单工程量计算表

项目编码	项目名称	项目特征描述	计量单位	工程量
011407002001	天棚喷刷涂料	天棚面，刷乳胶漆三遍	m^2	68.52

第七章　其他工程

一、其他工程清单工程量计算规范

1. 柜类、货架

柜类、货架工程量清单项目设置及工程量计算规则应按表 7-1 的规定执行。

表 7-1　　柜类、货架（编码：011501）

项目编码	项目名称	项目特征	计量单位	工程量计算规则	工程内容
011501005	鞋柜	1. 台柜规格 2. 材料种类、规格 3. 五金种类、规格 4. 防护材料种类 5. 油漆品种、刷漆遍数	1. 个 2. m 3. （m^3）	1. 以个计量，按设计图示数量计量 2. 以米计量，按设计图示尺寸以延长米计算 3. 以立方米计量，按设计图示尺寸以体积计算	1. 台柜制作、运输、安装（安放） 2. 刷防护材料、油漆 3. 五金件安装
011501008	木壁柜				

2. 压条、装饰线

压条、装饰线工程量清单项目设置及工程量计算规则应按表 7-2 的规定执行。

表 7-2　　压条、装饰线（编码：011502）

项目编码	项目名称	项目特征	计量单位	工程量计算规则	工程内容
011502001	金属装饰线	1. 基层类型 2. 线条材料品种、规格、颜色 3. 防护材料种类	m	按设计图示尺寸以长度计算	1. 线条制作、安装 2. 刷防护材料
011502002	木质装饰线				
011502003	石材装饰线				
011502004	石膏装饰线				
011502005	镜面玻璃线				
011502007	塑料装饰线				

3. 暖气罩

暖气罩工程量清单项目设置及工程量计算规则应按表 7-3 的规定执行。

表 7-3　　暖气罩（编码：011504）

项目编码	项目名称	项目特征	计量单位	工程量计算规则	工程内容
011504002	塑料板暖气罩	1. 暖气罩材质 2. 防护材料种类	m^2	按设计图示尺寸以垂直投影面积（不展开）计算	1. 暖气罩制作、运输、安装 2. 刷防护材料
011504003	金属暖气罩				

4. 浴厕配件

浴厕配件工程量清单项目设置及工程量计算规则应按表 7-4 的规定执行。

表 7-4　　浴厕配件（编码：011505）

项目编码	项目名称	项目特征	计量单位	工程量计算规则	工程内容
011505010	镜面玻璃	1. 镜面玻璃品种、规格 2. 框材质、断面尺寸 3. 基层材料种类 4. 防护材料种类	m^2	按设计图示尺寸以边框外围面积计算	1. 基层安装 2. 玻璃及框制作、运输、安装

5. 雨篷、旗杆

雨篷、旗杆工程量清单项目设置及工程量计算规则应按表 7-5 的规定执行。

表 7-5　　雨篷、旗杆（编码：011506）

项目编码	项目名称	项目特征	计量单位	工程量计算规则	工程内容
011506002	金属旗杆	1. 旗杆材料、种类、规格 2. 旗杆高度 3. 基础材料种类 4. 基座材料种类 5. 基座面层材料、种类、规格	根	按设计图示数量计算	1. 土石挖、填、运 2. 基础混凝土浇筑 3. 旗杆制作、安装 4. 旗杆台座制作、饰面

6. 招牌、灯箱

招牌、灯箱工程量清单项目设置及工程量计算规则应按表 7-6 的规定执行。

表 7-6　　招牌、灯箱（编码：011507）

项目编码	项目名称	项目特征	计量单位	工程量计算规则	工程内容
011507001	平面、箱式招牌	1. 箱体规格 2. 基层材料种类 3. 面层材料种类 4. 防护材料种类	m^2	按设计图示尺寸以正立面边框外围面积计算。复杂形的凸凹造型部分不增加面积	1. 基层安装 2. 箱体及支架制作、运输、安装 3. 面层制作、安装 4. 刷防护材料、油漆

7. 美术字

美术字工程量清单项目设置及工程量计算规则应按表 7-7 的规定执行。

表 7-7　　美术字（编码：011508）

项目编码	项目名称	项目特征	计量单位	工程量计算规则	工程内容
011508003	木质字	1. 基层类型 2. 镌字材料品种、颜色 3. 字体规格 4. 固定方式 5. 油漆品种、刷漆遍数	个	按设计图示数量计算	1. 字制作、运输、安装 2. 刷油漆

二、工程算量示例

【例 7-1】 如图 7-1 所示，试求石膏装饰条工程量。(按实贴延长计算)

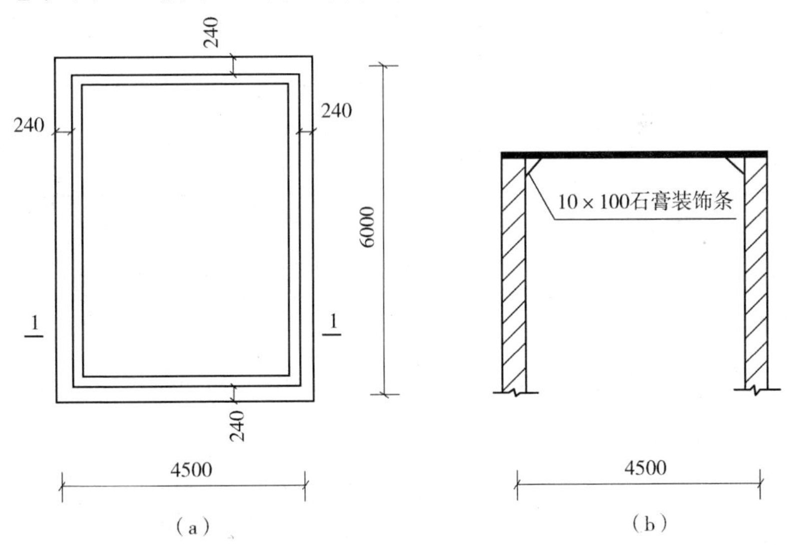

图 7-1　石膏装饰条示意图
(a) 平面图；(b) 1—1 剖面图

【解】 清单工程量：

石膏装饰条工程量：[(6－0.24)＋(4.5－0.24)]×2＝20.04(m)

【注释】 0.24＝0.12×2 表示两端墙体所占的长度。(6－0.24) 表示扣除墙体所占部分后的石膏装饰条的净长，(4.5－0.24) 表示扣除墙体所占的部分后石膏装饰条的净宽，乘以 2 表示石膏装饰条的总长度。

清单工程量计算见表 7-8。

表 7-8　　清单工程量计算表

项目编码	项目名称	项目特征描述	计量单位	工程量
011502004001	石膏装饰线	混凝土基导，10mm×100mm 石膏装饰条	m	20.04

【例 7-2】 设计要求做钢结构基层一般平面招牌，如图 7-2 所示，其上安装木质美术字 8 个，字外围尺寸均为 700mm×450mm，试求其美术字安装工程量。

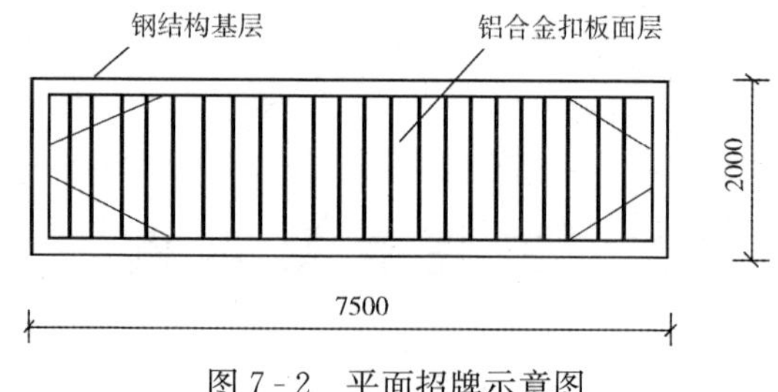

图 7-2　平面招牌示意图

【解】 清单工程量：

工程量＝8 个

清单工程量计算见表 7-9。

表 7-9　　清单工程量计算表

项目编码	项目名称	项目特征描述	计量单位	工程量
011508003001	木质字	1. 字外围尺寸 700mm×450mm 2. 钢结构基层	个	8

【例 7-3】 如图 7-3 所示设计要求做钢结构矩形箱体招牌基层，试求其工程量。

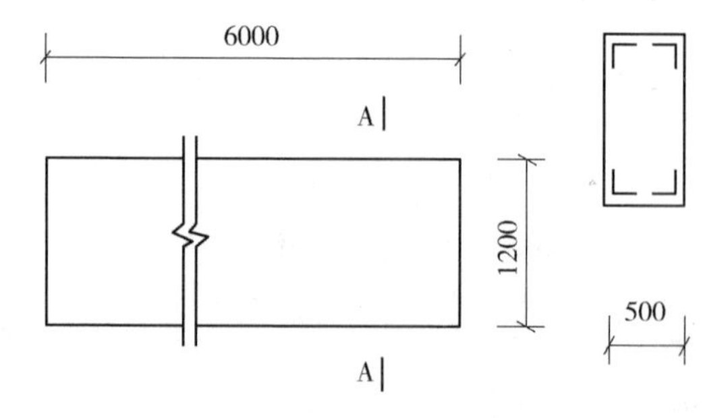

图 7-3　钢结构箱体示意图

【解】清单工程量：

$$6.0\times1.2=7.2(m^2)$$

【注释】清单工程量按正立面边框外围面积来计算，6.0 表示招牌基层的长度，1.2 表示招牌基层的宽度。

清单工程量计算见表 7 - 10。

表 7 - 10　清单工程量计算表

项目编码	项目名称	项目特征描述	计量单位	工程量
011507001001	平面，箱式招牌	钢结构矩形箱体，长 600mm，宽 500mm×高 120mm	m^2	7.20

【例 7 - 4】如图 7 - 4 所示设计要求在某建筑物门厅内安装一块不带框镜面玻璃，试求其工程量。

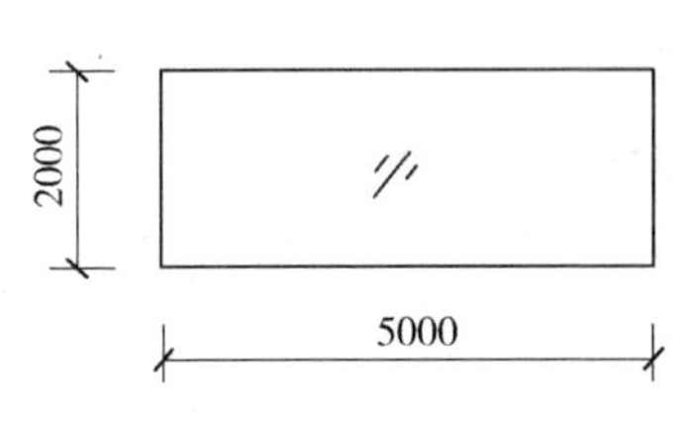

图 7 - 4　镜面玻璃示意图

【解】清单工程量：

其工程量 $=5\times2=10(m^2)$

【注释】5 表示镜面的长度，2 表示镜面的宽度。

清单工程量计算见表 7 - 11。

表 7 - 11　清单工程量计算表

项目编码	项目名称	项目特征描述	计量单位	工程量
011505010001	镜面玻璃	不带框镜面玻璃 2000mm×5000mm	m^2	10

【例 7 - 5】如图 7 - 5 所示，塑料板暖气罩采用窗台下格板式，长为 1500mm，高为 900mm，宽为 200mm，试求 10 个暖气罩工程量。

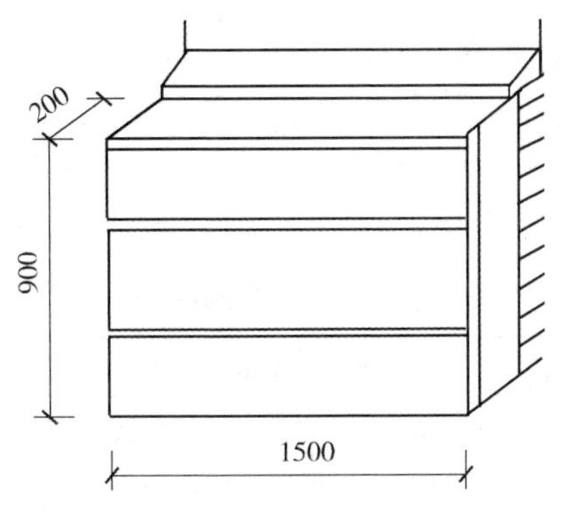

图 7 - 5　塑料板暖气罩

【解】清单工程量：

设计图示尺寸以垂直投影面积（不展开）计算。

工程量＝［1.5×0.9＋0.2×(0.9×2＋1.5)］×10＝20.1(m²)

【注释】1.5 表示暖气罩的长度，0.9 表示暖气罩的高度，0.2 表示暖气罩的宽度。1.5×0.9 表示暖气罩的正侧面的面积，0.2×0.9×2 表示暖气罩的左、右两个侧面的面积，0.2×1.5 表示暖气罩上面的侧面面积。10 表示有十个暖气罩。

清单工程量计算见表 7-12。

表 7-12　清单工程量计算表

项目编码	项目名称	项目特征描述	计量单位	工程量
011504002001	塑料板暖气罩	窗台下格板式，塑料板暖气罩	m²	20.10

【例 7-6】某商店的店门前的雨篷吊挂饰面采用金属压型板，如图 7-6 所示，高 600mm，长 3000mm，宽 60mm，试求其工程量。

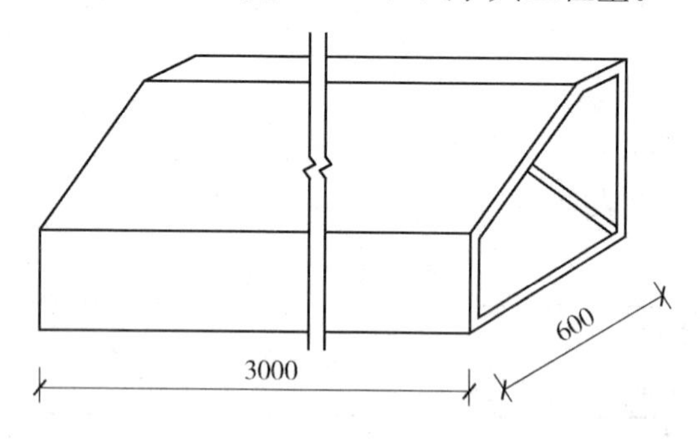

图 7-6　雨篷吊挂饰面

【解】清单工程量：

按设计图示尺寸以水平投影面积计算：

工程量＝3×0.6＝1.8(m²)

【注释】3 表示雨篷的长度，0.6 表示雨篷的高度。相乘得雨篷的水平投影面积。

清单工程量计算见表 7-13。

表 7-13　清单工程量计算表

项目编码	项目名称	项目特征描述	计量单位	工程量
011506001001	雨篷吊挂饰面	雨篷吊挂饰面条用金属压型板，长 3000mm，宽 100mm，高 600mm	m²	1.80

【例 7-7】如图 7-7 所示，某西式包房内的墙顶线采面实木顶棚线装饰，长度为 3600mm，试求其工程量。

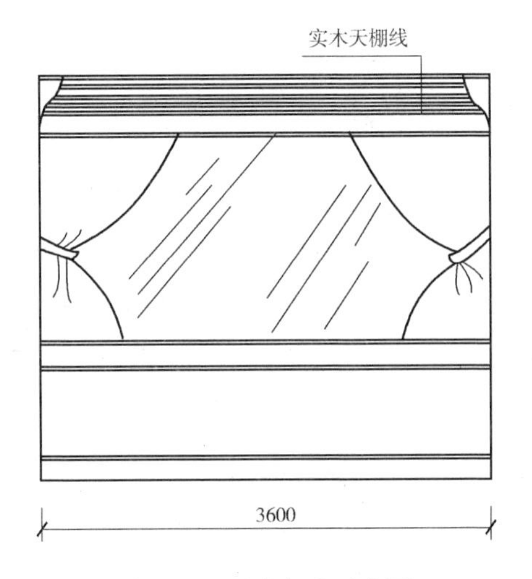

图 7-7 西式包房示意图

【解】 清单工程量：

工程量计算根据设计图示尺寸以长度计算。

工程量＝3.6m

清单工程量计算见表 7-14。

表 7-14 **清单工程量计算表**

项目编码	项目名称	项目特征描述	计量单位	工程量
011502002001	木质装饰线	墙顶线条用实木天棚线装饰	m	3.60

【例 7-8】 如图 7-8 所示，设计要求在铝合金扣板面层上安装木质美术字。假设每个字的外围尺寸为 800mm×500mm，试求其工程量。

大连新型企业集团

图 7-8 美术字安装示意图

【解】 清单工程量：

其工程量计算如下：

每个字的面积：$0.8\times0.5=0.4(m^2)$

【注释】0.8 表示美术字的外围长度，0.5 表示美术字的外围宽度。相乘得每个美术字的面积。

清单工程量计算见表 7-15。

表 7-15　　清单工程量计算表

项目编码	项目名称	项目特征描述	计量单位	工程量
011508003001	木质字	1. 字外围尺寸 800×500 2. 铝合金扣板面层	个	8

【例 7-9】如图 7-9 所示，某图书馆的外廊走道墙面上挂的壁画，采用不锈钢条，槽线形镶饰长为 1500mm，高为 600mm，共 20 个，试求其工程量。

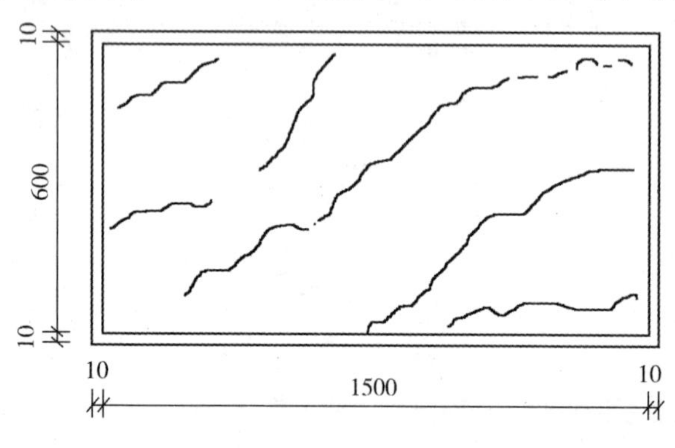

图 7-9　某图书馆壁画示意图

【解】清单工程量：

工程量计算按设计图示尺寸以长度计算，共 20 个。

工程量＝［(1.5＋0.01)＋(0.6＋0.01)］×2×20＝84.8(m)

【注释】0.01＝0.005＋0.005 表示两端所增加的长度。工程量计算按中心线的长度来计算，所以两端各加上 0.005。(1.5＋0.01) 表示壁画的长度，(0.6＋0.01) 表示壁画的高度，乘以 2 表示壁画四周的总长，20 表示有二十幅壁画。

清单工程量计算见表 7-16。

表 7-16　　清单工程量计算表

项目编码	项目名称	项目特征描述	计量单位	工程量
011502001001	金属装饰线	不锈钢条，槽形镶饰	m	84.80

【例 7-10】如图 7-10 所示，设计要求在胶合板隔墙两侧（胶合板缝处）各钉两根竖向木质压条。假设每根压条的高度为 2.6m。

【解】清单工程量：

其工程量＝2.6×2×2＝10.4(m)

【注释】2.6 表示每根压条的高度，乘以 2 表示两根竖向木质压条的长度，再乘以 2 表示两侧木质压条的总长度。

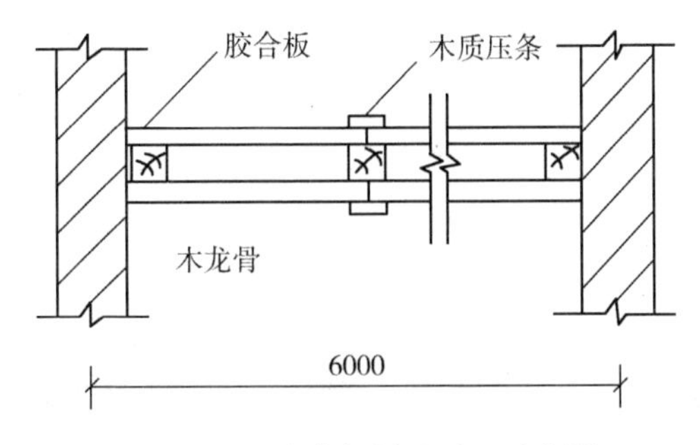

图 7 - 10　胶合板隔墙平面示意图

清单工程量计算见表 7 - 17。

表 7 - 17　　清单工程量计算表

项目编码	项目名称	项目特征描述	计量单位	工程量
011502002001	木质装饰线	胶合板缝处钉两根竖向木质压条	m	10.40

【例 7 - 11】 铝合金明式暖气罩如图 7 - 11 所示，设计要求做铝合金明式暖气罩，试求其工程量。

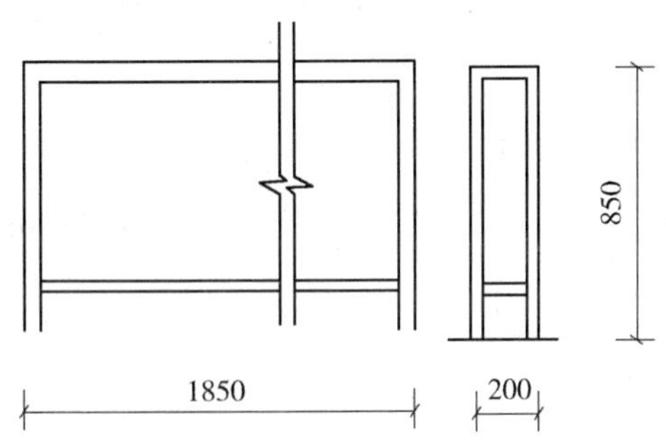

图 7 - 11　铝合金明式暖气罩示意图

【解】 清单工程量：

其工程量＝(1.85＋0.2×2)×0.85＝1.91(m^2)

【注释】1.85 表示暖气罩的长度，0.2 表示暖气罩的宽度，0.85 表示暖气罩的高度。1.85×0.85 表示暖气罩的正侧面面积，0.2×2×0.85 表示暖气罩的左、右两个侧面的面积。

清单工程量计算见表 7 - 18。

表 7 - 18　　清单工程量计算表

项目编码	项目名称	项目特征描述	计量单位	工程量
011504003001	金属暖气罩	铝合金	m^2	1.91

【例 7 - 12】 木质式木壁柜如图 7 - 12 所示，长为 900mm，高为 600mm，宽为 500mm，共 4 个，试求其工程量。

【解】 清单工程量：

工程量＝4 个

清单工程量计算见表 7 - 19。

表 7 - 19　　清单工程量计算表

项目编码	项目名称	项目特征描述	计量单位	工程量
011501008001	木壁柜	木质式，长 900mm，宽 500mm，高为 600mm	个	4

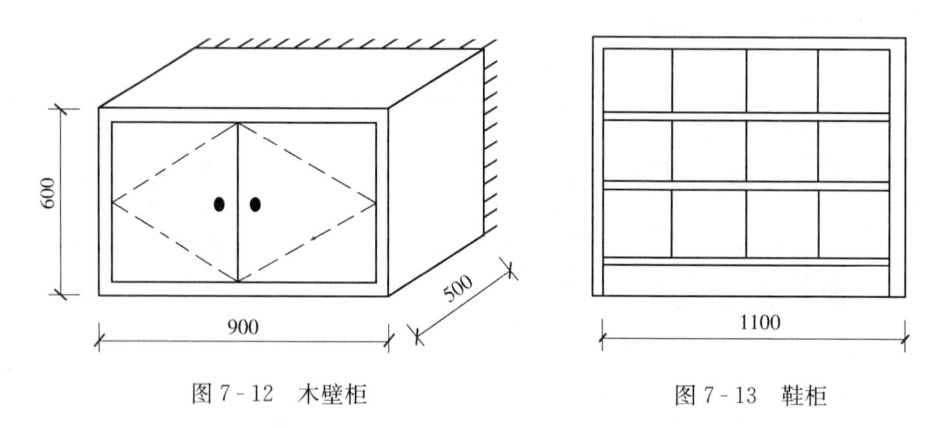

图 7 - 12　木壁柜　　图 7 - 13　鞋柜

【例 7 - 13】 实木式鞋柜如图 7 - 13 所示，高 900m，宽 1100mm，共 2 个，计算工程量。

【解】 清单工程量：

工程量＝2 个

清单工程量计算见表 7 - 20。

表 7 - 20　　清单工程量计算表

项目编码	项目名称	项目特征描述	计量单位	工程量
011501005001	鞋柜	实木式，高 900mm，宽 1100mm	个	2

【例 7 - 14】 某学校旗杆，混凝土 C10 基础为 2500mm×600mm×200mm，砖基座为3000mm×800mm×200mm，基座面层贴芝麻白 20mm 厚花岗石板，3 根不锈钢管（OCr18Ni19），每根长为 13m，ϕ63.5mm，壁厚 1.2mm，试求旗杆工程量。

【解】 清单工程量：

按设计图示数量计算。

本设计中，共有 3 根不锈钢管，所以工程量为 3 根。

清单工程量计算见表 7-21。

表 7-21　清单工程量计算表

项目编码	项目名称	项目特征描述	计量单位	工程量
011506002001	金属旗杆	旗杆为不锈钢管，高 13m，直径为 ϕ3.5mm，壁厚 1.2m	根	3

【例 7-15】 某邮政营业厅如图 7-14 所示，其内墙装饰，设计要求墙裙上要求用镜面玻璃线进行装饰，其线条规格为边宽为 60mm，高为 20mm，厚为 4mm，长 2m，试求装饰线工程量。

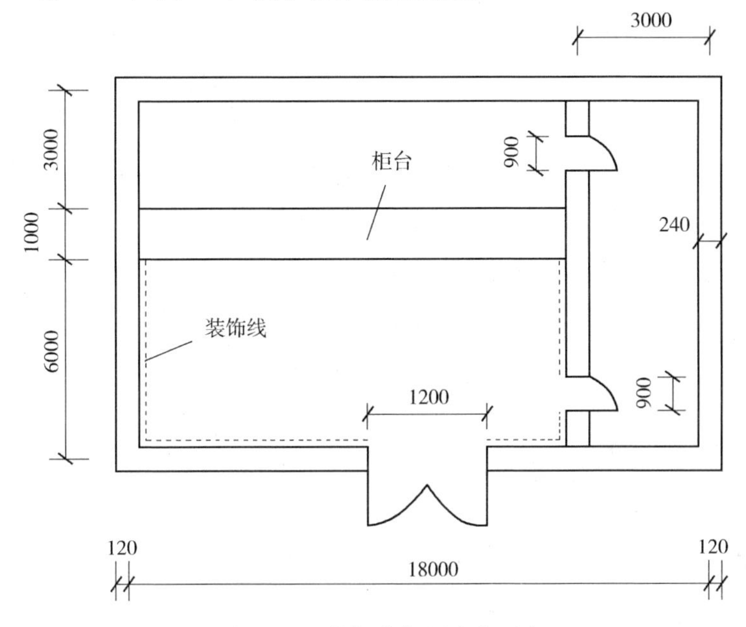

图 7-14　某邮政营业厅平面图

【解】 清单工程量：

镜面玻璃线按设计图示尺寸以长度计算。

其工程量计算如下：

外墙里皮长度＝(6－0.12)＋(6－0.12－0.9)＋(18－3－0.12×2)

＝5.88＋4.98＋14.76

＝25.62(m)

【注释】 0.12 表示轴线到外墙内侧的距离。对应图示可以看出，(6－0.12)表示轴线长为 6000 的墙体内侧的装饰线长度，(6－0.12－0.9)表示轴线长为 6000 的内墙上装饰线的长度（0.9 表示扣除门洞口的长度），(18－3－0.12×2)表示长边装饰线的长度（0.12×2 表示扣除墙体所占的长度）。

扣除门宽：1.2m

装饰线工程量＝25.62－1.2＝24.42(m)

清单工程量计算见表 7－22。

表 7－22　清单工程量计算表

项目编码	项目名称	项目特征描述	计量单位	工程量
011502005001	镜面玻璃线	镜面玻璃线为装饰线，线条规格为边宽 60mm，高 20mm，厚 4mm，长 2m	m	24.42

【例 7－16】 如图 7－15 所示，某银行营业厅铺贴 600mm×600mm 黄色大理石板，其中有四块拼花，尺寸如图标注，拼花外围采用石材装饰线，规格为边宽为 50mm，高为 17mm，厚为 3mm，试求装饰线工程量。

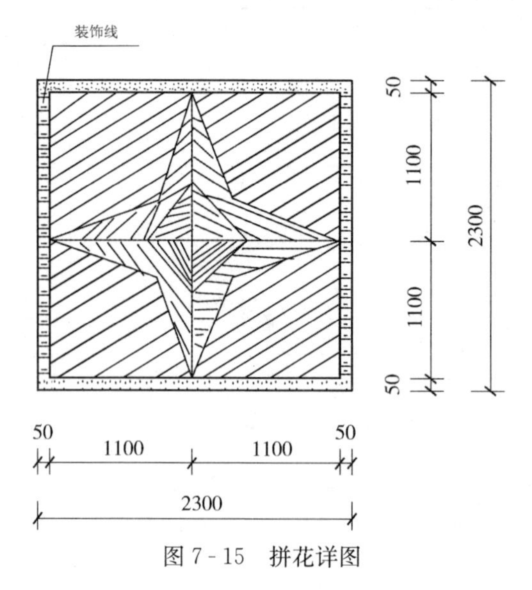

图 7－15　拼花详图

【解】 清单工程量：

石材装饰线按设计图示尺寸以长度计算。

工程量＝2.3×4×4＝36.80(m)

【注释】2.3 表示每块拼花的边长，乘以 4 表示一块拼花的周长，再乘以 4 表示四块拼花的总长度。

清单工程量计算见表 7－23。

表 7－23　清单工程量计算表

项目编码	项目名称	项目特征描述	计量单位	工程量
011502003001	石材装饰线	石材装饰线，规格为边宽 50mm，高 17mm，厚 3mm	m	36.80

【例 7 - 17】 某一风味饭店，为突出古朴特色，招牌字要求为木质字，如图 7 - 16 所示，招牌基层为砖墙，采用铆钉固定，字体规格为 500mm × 650mm，黑色，刷二遍漆，室内储物柜台要求用塑料装饰线为压边线，如图 7 - 17 所示，线条规格为厚 30mm，宽为 50mm，长为 4m，漆成棕色，二遍，分别试求招牌美术字和塑料装饰线的工程量。

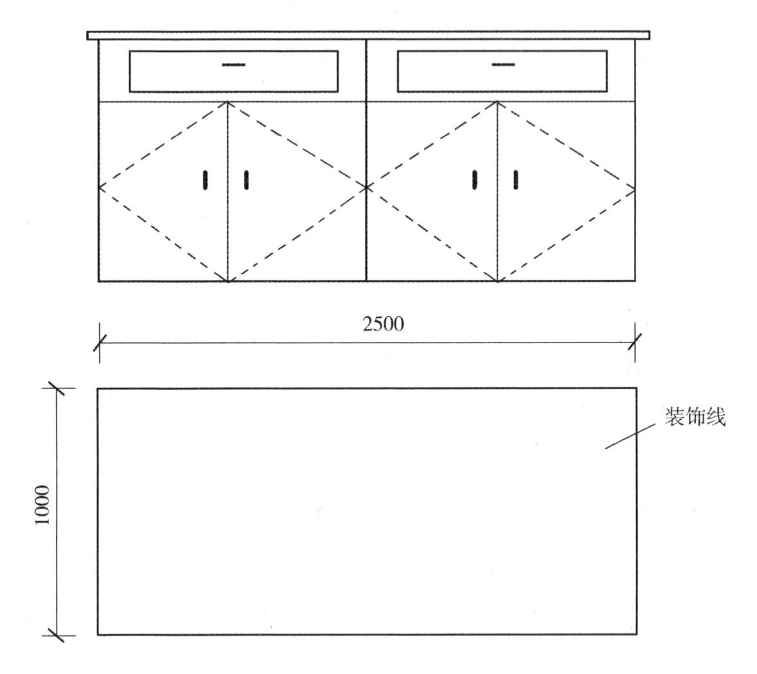

图 7 - 16　储物柜示意图

风味餐馆

图 7 - 17　某餐馆招牌

【解】 清单工程量：

（1）木质字按设计图示数量计算：

工程量＝4 个

（2）塑料装饰线工程量：

塑料装饰线按设计图示尺寸以长度计算。

工程量=(1+2.5)×2=3.5×2=7.00(m)

【注释】1表示招牌的宽度，2.5表示招牌的长度。加起来乘以2表示招牌四周的总长度。

清单工程量计算见表7-24。

表7-24 清单工程量计算表

序号	项目编码	项目名称	项目特征描述	计量单位	工程量
1	011508003001	木质字	木质字，招牌基层为砖墙，采用铆钉固定，字体规格500mm×650mm，黑色，刷二遍漆	个	4
2	011502007001	塑料装饰线	塑料装饰线为压边线，线条规格为厚30mm，宽50mm，长4m，漆成棕色，二遍	m	7.00